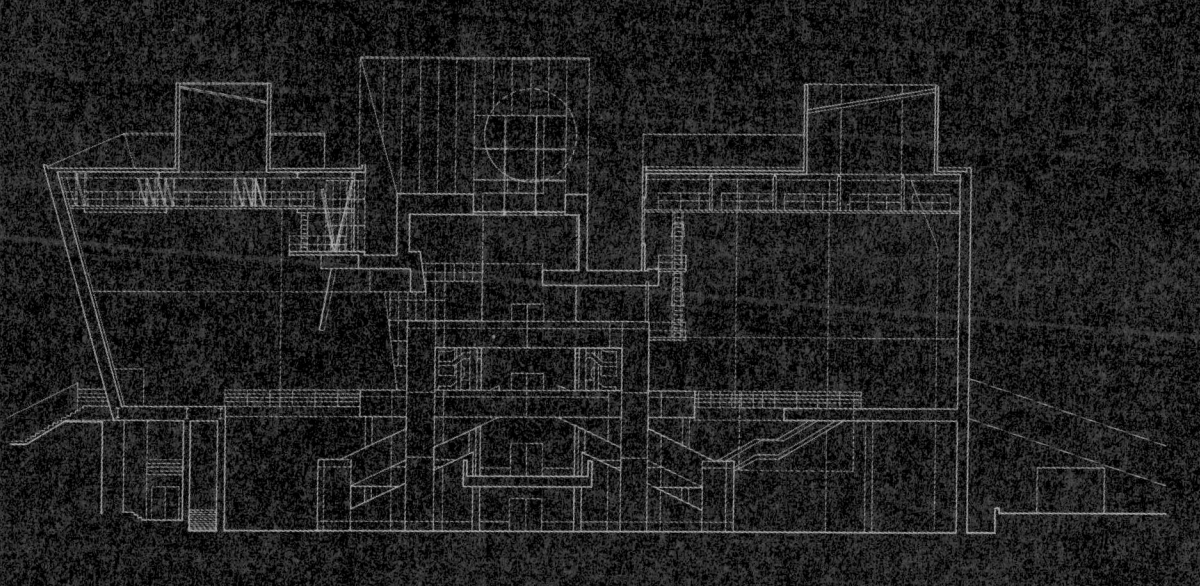

LOS ANGELES

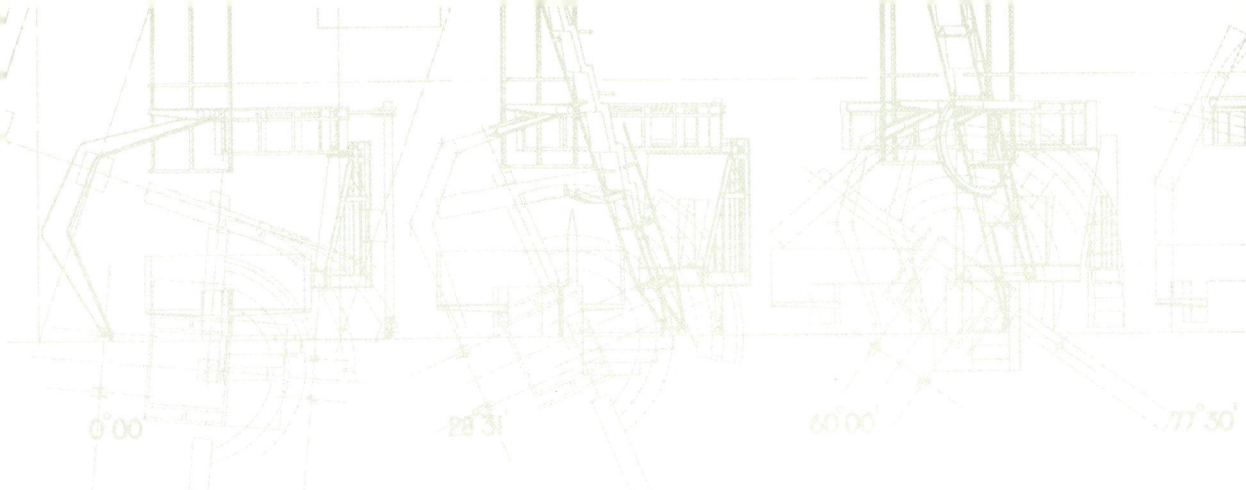

로스앤젤레스

자유와 실험, 진보를 향한 건축도시

지은이 · 이관용

펴낸이 · 지미정

펴낸곳 · 미술문화

서울시 마포구 합정동 355-2

전화 02-335-2964 팩시밀리 02-335-2965

등록번호 제10-956호 등록일 1994. 3. 30

www.misulmun.co.kr

초판 1쇄 · 2006년 10월 10일

ⓒ 2006 이관용

ISBN 89-91847-19-6

값 15,000원

세계의 도시 건축 기행 02

LOS ANGELES

자유와 실험, 진보를 향한 건축도시

이관용 지음

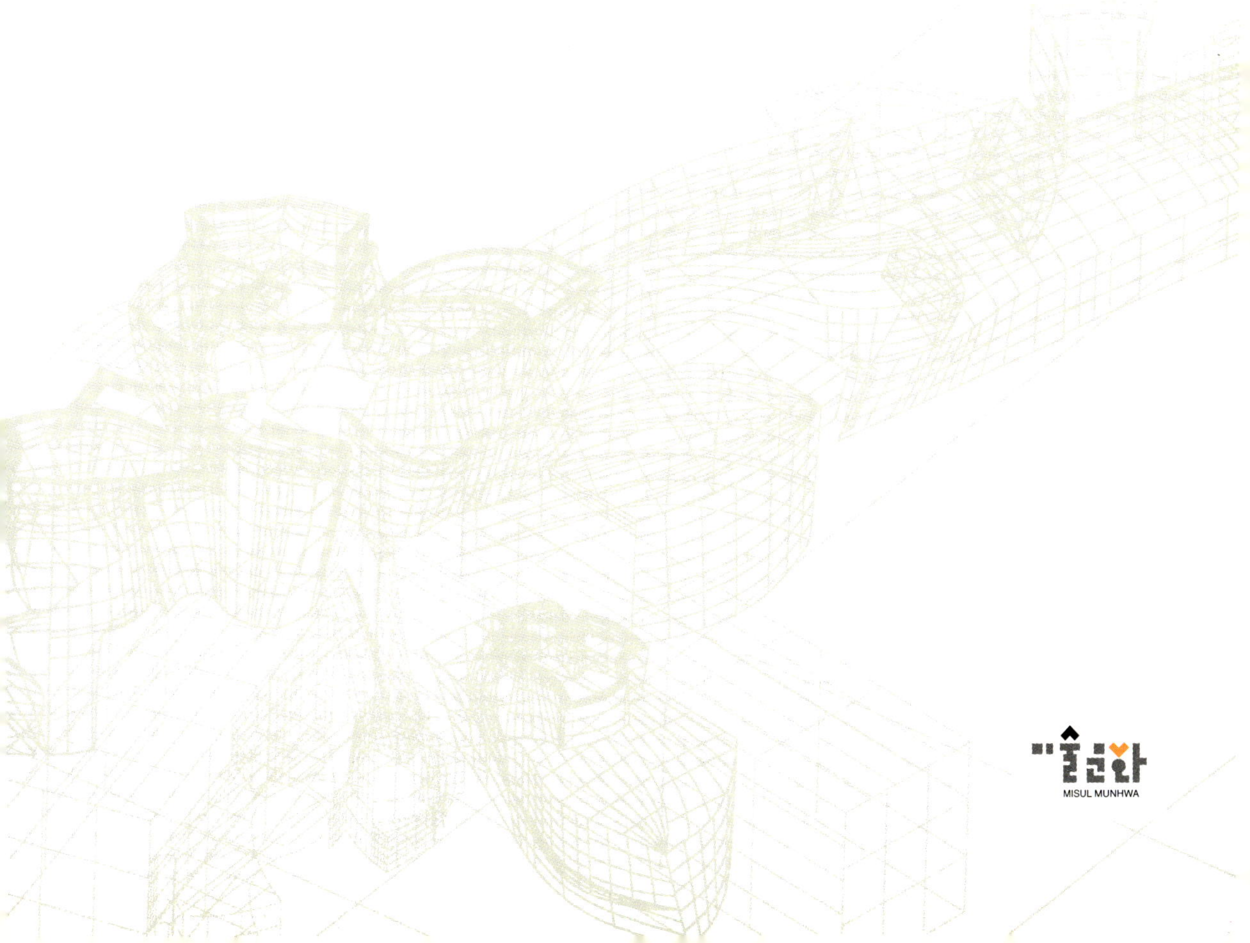

미술문화
MISUL MUNHWA

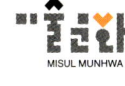

차례

책을 펴내며 건축은 문화다 9

01 로스앤젤레스 건축 읽기

미국의 건축문화 14
나성에 가면 편지를 띄우세요 16
산이 없는 미국의 도시 19
로스앤젤레스를 살펴보다 20
천사가 필요한 로스앤젤레스 24
축복받은 날씨 26
자유의 공기를 마시는 사람들 28
실험하는 건축 31
산학협동체제 36
로스앤젤레스 건축 입문 39

02 프랭크 게리 현대 건축의 대부

프랭크 게리, 건축의 비주류에서 주류로 43
고독한 싸움 46
현실 속의 건축 49
기억 그리고 건축 51
해체적 실험을 찾아서_ 프랭크 게리 하우스 54
비행기가 박제된 캘리포니아 항공우주 박물관 61
학사모를 쓴 로욜라 법과대학 67
차 없는 거리엔 사람이 많다_ 산타모니카 플레이스 76
주차장 건물에 대한 게리의 생각 82
건축은 조각이 되어 하늘을 날고_ 에지마 쇼핑센터 86
망원경, 세상 밖으로 나오다_ 치앳-데이 모조 오피스 90
전망대가 있는 집_ 노턴씨 주택 97
춤추는 장미_ 월트 디즈니 콘서트 홀 102

03 모포시스 시대변화와 건축변화

로스앤젤레스 신진 건축의 리더 114
부재의 노출, 과감한 입면_ 헤네시 인골스 서점 120
건축 속의 또 다른 건축_ 케이트 만틸리니 레스토랑 122
리노베이션의 진수_ 샐릭 헬스케어 본사 126

04 에릭 오웬 모스 컬버 시티에서의 건축실험

컬버 시티를 점령하다 132
인스 프로젝트_ 모스의 건축 비전 137
   하늘로 향하는 계단_ 게리그룹 오피스 139
   기둥의 실체_ 파라마운트 세탁소 143

05 리처드 마이어 게티 성을 올라가다

게티 센터에 들어서다 146
리처드 마이어가 설계하다 149
게티 센터에는 무엇이 있는가? 153
현대 추상건축의 정수 157
그리드와 콜라주 163
게티 센터를 내려오며 168

06 비벌리 힐스 시빅 센터
색과 장식의 마법사 찰스 무어

버버리 같은 비벌리 힐스 172
건축미학을 대중적인 취향으로 건축에 구현하다 175
비벌리 힐스 시빅 센터 180
비벌리 힐스 시빅 센터에서 서울을 생각하다 186

07 로스앤젤레스의 새로운 도심
벙커힐 & 다운타운

다운타운은 데드타운 190
우주선 같은 보나벤처 호텔 193
리카르도 레고레타의 건축 세계 197
다운타운의 랜드마크_ 퍼싱 스퀘어 202
가스 타워 206
퍼스트 인터스테이트 은행 월드 센터 208
로스앤젤레스 현대 미술관 210
아라타 이소자키의 건축 세계 215
캘리포니아 사이언스 센터 218

08 실험과 자유 그리고 전통의 공존
KFC, 어바인 스펙트럼 센터, 유니버설 스튜디오

패스트푸드 점도 다를 수 있다_ 켄터키 프라이드 치킨 226
쇼핑몰 구경하기 232
캘리포니아에 상륙한 아랍의 성_ 어바인 스펙트럼 센터 233
현대적 감각이 돋보이는 더 블럭 235
꿈과 영화가 살아 있는 곳_ 유니버설 스튜디오 238

참고문헌 244
색인 246

책을 펴내며

건축은 문화다

한 나라의 문화를 가름하는 것에는 수많은 것이 있다. 보이는 것도, 보이지 않는 것도 있다. 예술이라는 측면에서 한 문화를 구성하는 것으로 문학, 시, 음악, 미술 그리고 건축은 주요한 것들이다. 건축은 바로 역사와 시대의 산물이자 문화의 실제적인 결과물이다. 왜냐하면 인간의 삶은 건축과 분리되어 존재할 수 없기 때문이다. 다시 말해 인간은 건축물 안에서 태어나 건축물 안에서 세상을 마감한다. 이러한 연유로 말미암아, 건축은 곧 인간생활의 모든 활동이 축적되어 있는 총합체이자 동시에 한 나라의 문화대변자이다.

좋은 문화가 있는 곳엔 좋은 사람들이 많다. 좋은 건축은 좋은 문화를 만든다. 하지만 좋은 건축을 만나기란 쉽지 않다. 훌륭한 예술품을 쉽게 접하기 어렵듯이 훌륭한 건축을 만나 감동을 받는 것 역시 어려운 일이다. 훌륭한 건축 문화유산 뒤에는 그 문화를 사랑하고 발전시킨 사람들이 있게 마련이다. 문화는 하루아침에 이루어지는 것이 아니라, 수많은 것들이 서로 대화하고 상호교통하고 교류하여 아주 천천히 이루어지는 것이다. 수많은 세월을 꿋꿋이 견뎌내고 우리의 삶을 고스란히 간직한 채 서 있는 건축은 문화를 만들고 전하는 데 있어 매우 중요한 것임에 틀림없다.

아는 만큼 보이고 보이는 만큼 느끼게 되는 것이 문화적인 안목이다. 특히 시각적인 예술인 미술이나 조각 그리고 건축은 더욱 그러하다.

문화적인 안목은 하루아침에 이루어지지 않는다. 도시와 건축을 보는 눈은 여러 가지가 존재한다. 건축은 문화적 산물이자 삶의 족적이라 했다. 건축물을 제대로 보고 이해하기 위해서는 건축물을 설계한 건축가의 디자인 의도와 건축철학은 물론이며 그 건물이 앉혀 있는 장소의 인문학적인 배경과 지형적인 요인, 기후 그리고 그곳에서 살고 있는 사람들의 문화와 생각까지도 알아야 한다. 설령 그것을 다 알지 못하더라도 알려고 노력해야 한다. 그래야 우리는 그곳에서 조그마한 것이라도 배울 수 있다.

필자는 건축을 공부하며 건축을 사랑하는 사람이다. 1987년 대학에서 건축을 처음 접한 이후 지금까지 건축을 공부하고 있다. 많은 건축물을 구경했고 많은 도시를 방문했다. 이름모를 산골 깊숙한 곳에 홀로 앉아 있는 어느 사찰의 암자에서부터 태평양 건너에 있는 미국의 동부 뉴욕까지 많은 곳을 다녔다. 때로는 이루 표현할 수 없는 감동으로 건축을 만나기도 하고, 때로는 기대했던 건축에 실망한 적도 있었다.

1996년 미국 유학길에 올라 2005년까지 미국에 머물면서 미국의 많은 곳을 방문하였다. 동시에 미국의 주요 건축물을 만나고 경험하였다. 오랜 시간동안 개인적인 건축답사를 통해 찍은 건축 슬라이드를 가까운 지인에게 보여주고 여러 건축물에 대해 이야기를 해주고 있다. 슬라이드는 국립공원의 자연경관, 한국 전통건축 그리고 미국의 건축과 도시풍경을 담고 있다. 건축을 보는 방법을 소개하기도 하고, 도시의 역사와 문화를 서로 이야기한다. 놀라운 것은 건축 슬라이드를 본 지인의 반응인데, 이들은 내게 '건축을 보는 눈이 새로 뜨였다'고 말한다. 예전엔 건축이 그저 건물로만 보이고 관심이 없었지만, 슬라이드를 본 후에는 건물이 건축으로 바뀌어 보이고 또 문화적인 관심이 생겼다는 말을 들을 때면 필자는 너무나 뿌듯하다. 그렇다. 때로는 책을 통해, 때로는 강연을 통해서, 건축을 보는 안목은 이렇게 하나 둘 쌓아지는 것이다.

　필자의 글쓰기 전략은, 쉽고 재미있게 지적으로 즐길 수 있는 한권의 건축문화 책 쓰기가 주요 목표이다. 주요 전술은 독자들에게 최대한의 지적인 만족을 충족시켜주기 위해서 수많은 참고문헌과 인터넷 사이트를 찾아보고 공부를 병행하면서 건물 하나하나에 대한 이야기를 풀어 쓰려고 노력하였다. 건축가의 건축철학과 디자인 개념을 독자에게 알려줄 의무가 필자에게 있기 때문이다.

　이 책은 미국의 주요 현대 건축물을 답사한 개인답사기이자 현대 건축물을 소개함과 동시에 현대 건축물을 통해 미국의 문화를 보여준다. 광야같이 넓은 미국 땅에 수많은 도시가 있고 수많은 건축물이 있다. 미국 땅에는 서양 전통건축을 비롯하여 신고전주의 건축, 아르데코 건축, 모더니즘 건축, 포스트모더니즘 건축, 팝 건축, 해체주의 건축, 지역주의 건축, 인디언 건축 등 다양한 건축물이 있다. 이 건축을 모두 소개하기란 평생의 노력이 있어도 모자랄 것이다. 그 만큼 미국은 넓고 넓은 땅이기 때문이다.

　뉴욕, 워싱턴 D.C., 로스앤젤레스, 샌프란시스코, 샌디에고, 시애틀, 산타페, 휴스턴, 달라스, 시카고, 세인트루이스, 뉴올리엔즈 등 미국 주요지역의 대도시를 현대 건축물을 위주로 답사하였다. 시간으로 보자면, 거의 7-8년이 되는 셈이다. 여기서 소개하는 건축물은 대부분 세계적인 건축가가 설계한 작품들이다. 많은 도시들 중에서도 미국 건축답사기의 첫 편은 미국의 관문인 캘리포니아 주 로스앤젤레스를 중심으로 엮었다. 책에 실린 사진은 모두 필자가 직접 찍은 것이다. 비록 사진전문가는 아니지만, 최대한 건축미를 돋보이게 하려고 애쓴 것임을 말하고 싶다.

이 책은 필자에게 큰 도전이자 즐거움이다. 세계적인 건축물이자 미국의 한 문화를 대변하는 현대 건축물을 계속해서 엮어낼 초석을 놓는 첫 시도이기 때문이다. 건축을 공부하는 사람은 물론이거니와 문화에 관심 있는 일반인에게도 현대 건축문화를 알아가는 데 이 책이 작은 기여를 하기 바라는 마음이 간절하다. 그래서 일반인에게는 최대한 쉽게 건축을 소개하면서 동시에 건축을 공부하는 사람들에게도 좋은 자료가 되도록 하기 위하여 수많은 건축문헌을 참조하였다. 사실, 로스앤젤레스의 건축을 다 보여주기 위해서는 몇 권의 책이 필요할지도 모른다. 미국 건축 답사기의 첫 시작인만큼 세계적인 건축가가 설계한 주요 작품만을 대상으로 지면을 한정하였다. 독자의 지적인 갈망을 돕기 위해 건축가의 이론과 작품에 대한 해설을 실은 여러 참고문헌을 언급해 놓았다.

이 책이 나오기까지 수많은 사람의 격려와 수고가 있었다. 먼저, 이 책에 실린 좋은 건축을 만든 훌륭한 건축가들의 노고에 감사드린다. 편집에 수고하신 미술문화 식구들에게도 감사드린다. 건축공부와 현장 답사의 불편함에도 인내와 사랑으로 지금껏 참아준 아내와 딸에게도 이 자리를 빌어 감사와 미안함을 전한다.

2006. 9. 23.
이관용

01

로스앤젤레스 건축 읽기

미국의 건축문화

미국이라는 곳은 유럽과는 달리 지리적으로 너무나 광대하다. 유럽처럼 특정 시간 안에 수많은 도시를 방문할 수는 없다. 한 도시 내에서도 좋은 건축을 접하는 데 적지 않은 시간이 걸린다. 유럽의 도시구조가 밀집형이라면 미국의 도시는 분산형이기 때문에 미국의 주요 건축을 접하기에는 많은 시간이 소요된다. 이런 까닭 때문인지 미국 건축 답사기는 거의 전무한 실정이다. 미국의 영향을 받을 수밖에 없는 한국의 현실에서 미국의 건축문화를 한글로 소개한 서적이 없는 것은 애석한 일이다.

흔히 미국엔 문화가 없다고 말한다. 유럽에 견주어보면 어디 미국 문화를 문화라고 부를 수 있겠는가? 동양이나 유럽처럼 유구한 역사가 존재하지 않는 미국 문화를 마땅히 '이것이다' 라고 부를 수 있는 것은 아마 맥도널드나 팝문화가 아니겠는가? 미국의 역사적인 배경과 한계 때문에 미국은 대중문화가 가장 번성한 곳이다.

자본의 축적은 문화예술을 꽃피우는 데 중요한 역할을 한다. 자본주의가 가장 번성한 미국은 유럽을 비롯한 세계 문화를 수입하고 있다. 건축 분야에서도 세계적인 건축가들이 미국에서 왕성히 활동 중이다. 미국은 막강한 경제력과 전래상 유래 없는 정치적 파워로 세계 건축을 잠식해가고 있다. 미국의 대형 설계사무소의 연간 소득수준은 어마어마할 정도이다.

미국의 건축사는 그리 길지 않지만, 현대에 이르러서 세계 유명 건축가들의 전시장이 된 것처럼 좋은 건축물이 들어서고 있다. 최근에 미국 중남부 지역의 달라스 지역만 보더라도 렌조 피아노가 설계한 네셔 조각 미술관이 개관되었고, 일본 건축가 안도 다다오의 현상설계 당선안인 포트워스 현대 미술관이 완공되어 지역주민에게 사랑받고 있다. 한편, 미국은 건축 분야에서 최고의 영예로 꼽히는 프리츠커(Pritzker)

건축상을 매년 세계의 건축가들에게 수여하고 있다. 이 상은 현대 건축의 새로운 역사를 쓰고 있다. 세계에서 유명한 건축가들을 초청하여 그들의 작품을, 미국은 자본으로 사고 있는 중이다.

프랭크 로이드 라이트, 루이스 칸, 프랭크 게리, 피터 아이젠만, 리처드 마이어, 마이클 그레이브스, 시저 펠리, 필립 존슨, 모포시스, 에릭 오웬 모스, 이오밍 페이, 에로 사리넨 등의 개인 건축가부터 SOM, HOK, RTKL, KPF, GENSLER, NBBJ 등의 대형 건축 그룹들의 작품도 미국에서 볼 수 있다. 동시에 세계적인 건축가 안도 다다오, 렌조 피아노, 자하 하디드, 라파엘 모네오, 리카르도 레고레타, 아라타 이소자키, 베르나드 추미, 리카르도 보필 등의 건축이 세워진 것은 오래 전이다.

미국을 상징하는 대표적인 도시이자 서부의
관문인 로스앤젤레스 전경

나성에 가면 편지를 띄우세요

    캘리포니아 드림, 로스앤젤레스. 아메리칸 드림과 자유를 갈망하는 사람들의 마지막 탈출구.

    천사의 도시, 로스앤젤레스에 가면 우리가 꿈꾸었던 모든 것을 얻을 것만 같은 느낌을 가지는 것은 왜일까? 사상적 진보와 자유 그리고 문화적 실험이 열정적으로 넘치는 곳, 로스앤젤레스를 미국 건축도시 읽기의 첫 장소로 시작한 것은 로스엔젤레스가 막대한 자본의 힘으로 세계적인 건축가를 불러들여 현대 건축문화의 젊음과 실험적인 도전을 가장 잘 살펴볼 수 있는 곳이기 때문이다. 뿐만 아니라 로스엔젤레스는 미국의 주요 관문이며, 한국과 가장 가까운 미국의 대표적인 도시이기 때문이다. 동시에 다양한 민족과 문화가 넘치는 곳으로 미국 문화의 중요한 위치를 차지하고 있다. 로스엔젤레스의 건축은 재미 있으며, 또한 신선하고 파격적이다. 그들의 작품은 공부하는 사람에게는 큰 도전이 될 것이며 건축을 사랑하는 사람에게는 놀라움과 감탄의 대상이 될 것이다. 자유가 넘실거리는 로스앤젤레스 건축문화는 미국의 과거, 현재 그리고 미래가 보이는 곳이다. 그것이 긍정적이든 부정적이든 로스앤

현대인의 필수품 쇼핑. 유니버설 스튜디오 시티 워크 쇼핑 스트리트. 로스앤젤레스 유니버설 시티

젤레스는 미국의 현대 문화를 읽을 수 있는 중요한 장소임에 틀림없다.

내가 로스앤젤레스를 방문한 것은 텍사스 주립대학(University of Texas at Austin) 건축대학원에 유학하면서 로스앤젤레스의 건축설계사무실에서 인턴 생활을 하면서였다. 7개월 동안 로스앤젤레스에 머물면서 주말이면 세계적인 건축을 답사하기 시작한 것이 이 책의 출발점이 되었다. 로스앤젤레스를 연상시키는 키워드가 있다면 무엇일까? 오렌지, 헐리우드, 비벌리 힐스, 로데오 거리, UCLA, 산타모니카, 디즈니랜드, 코리아타운?

1970년대 말, 우리에게는 가난의 탈출구이자 이민의 이상향으로 비친 로스앤젤레스는 '나성'이라는 이름으로 기억되는 곳이다. '나성'이란 로스앤젤레스의 음역(音譯)인데, 우리에겐 아메리칸 드림을 이루기 위해 떠나는 비상구 같은 곳이었다. 그래서 예전에 한국 가요에서 로스앤젤레스가 나성이라는 이름으로 유행한 적이 있었다. 그 당시 나는 이 나성이 막연한 어느 도시로만 알고 있었지만 말이다. 노래 가사 중에도 아메리칸 드림을 꿈꾸는 동경심이 은연 중 드러난다.

나성에 가면 편지를 띄우세요
꽃모자를 쓰고 사진을 찍어 보내요
나성에 가면 소식을 전해줘요
예쁜 차를 타고 행복을 찾아요

언젠가부터 나성은 로스앤젤레스 또는 엘 에이 L.A.로 더 많이 불려지게 되었다. 1990년대 중반 '박찬호'라는 한국의 젊은이가 프로야구 구단 엘에이 다저스(LA Dodgers)에 입단하여 선수생활을 하면서 로스앤젤레스는 우리의 국민적 관심과 사랑을 받기도 했다. IMF 때 박찬호가 미국으로 건너가 아메리칸 드림을 이룬 것처럼, 아직도 로스앤젤레스는 우리에게 성공의 이상적인 도시로 남아 있는 것 같다. 그래서 타국만

◀ 헐리우드를 대표하는 맨스 차이니스 극장 Mann's Chinese Theater, 메이어 & 홀러 설계, 1927, 로스앤젤레스 헐리우드 거리
▲ 맨스 차이니스 극장 앞 보도블럭에는 스타들의 손도장과 발도장이 찍혀 있다.

리 이국땅 로스앤젤레스에 코리아타운이 크게 형성된 것 아니겠는가. 로스앤젤레스는 미국의 어느 도시보다도 우리에게 익숙하고 친근한 도시인 것 같다.

산이 없는 미국의 도시

미국 문화가 우리 안방에 들어 온 지는 이미 오래다. 수많은 미국 프로그램은 물론이고, 세계 구석구석까지 파고드는 헐리우드 영화를 모르는 사람은 없을 것이다.

헐리우드가 있는 로스앤젤레스는 한마디로 다양한 인종과 문화의 용광로이다. 백인을 비롯해, 흑인, 히스패닉(Hispanic, 라틴 아메리카 계열), 아시아 등 다양한 인종과 문화가 함께 숨쉬고 있다. 헐리우드 영화 배우들이 살고 있는 비벌리 힐스를 비롯해 고급 쇼핑가로 소문난 로데오 거리, 어린이의 꿈 디즈니랜드와 유니버설 스튜디오, 태평양 바다를 바로 앞에 두고 있는 산타모니카와 말리부 해변 그리고 다운타운에 우뚝 서 있는 고층 빌딩이 로스앤젤레스의 주요 풍경들이다.

로데오 거리를 상징하는 페레Ferre 건물. 로스앤젤레스 베버리힐즈

미국의 도시들은 대부분 저밀도 형태로 광활하게 뻗어 있는 것이 특색이다. 미국은 땅 자체가 워낙 넓어서 한국이나 일본처럼 고밀도 도시형태가 별로 없다. 지루하기 짝이 없을 정도로 펼쳐진 광야 위에 다운타운 고층빌딩들이 우뚝 서 있는 모습이다. 서울이나 동경처럼 좁은 땅에 많은 사람들이 오밀조밀 모여 사는 곳은 뉴욕의 맨해튼과 샌프란시스코 정도이지만 이들 도시도 아시아의 주요 대도시에 비하면 도시 밀도 수준이 그리 높은 것은 아니다.

미국의 도시에선 좀처럼 산을 구경하기가 힘들다. 미국에 잠시 방문하거나 여행하는 한국의 어르신들은 미국땅을 보며 사뭇 놀래기도 한다. 산과 들이 오밀조밀 붙어 있어 시야가 한눈에 확 펼쳐지는 풍경을 보기가 쉽지 않은 우리 나라와 달리, 미국땅은 가도 가도 끝이 없이 지평선만 보이는 곳이 많기 때문이다. 우리 나라에서 끝없이 펼쳐진 지평선을 볼 수 있는 곳을 찾기란 쉽지 않다. 우리에게 산은 옆집 친구 같이 친근하지만 미국에서는 산을 보려면 일부러 찾아가야 하는 수고가 필요하다.

로스앤젤레스도 마찬가지이다. 평평한 대지 위에 다운타운 빌딩숲이 우뚝 서 있는 풍경이다. 사무실이 밀집된 다운타운은 낮에는 사람이 많지만 밤이 되면 으시으시할 정도로 텅 비어버린다. 다운타운엔 주거기능이 거의 없는 까닭도 있거니와 중산층과 부유층은 도심외곽(Suburban)에 거주하고 도심지역에는 빈민층이 살고 있는 도시구조 때문이다. 미국의 어느 도시를 가나 빈부차이로 인한 주거지역은 확연히 구분된다.

고밀도형 도시형태가 아닌 로스앤젤레스는 오늘도 한없이 뻗어 나가고 있다. 로스앤젤레스 주변에 있는 도시들은 위성 도시 역할을 하며, 메트로폴리탄 로스앤젤레스를 끝없이 형성해가고 있다. 마치 도시는 당연히 성장해야만 하는 것처럼.

대부분의 미국 도시는 광활한 대지 위에 빌딩만이 솟아 있는 모습이 많다. 시카고 전경

1850년에 미국의 31번째 주로 영입된 캘리포니아의 58개 카운티.

캘리포니아 주에서 로스앤젤레스 카운티가 가장 큰 지역이며, 통상 LA라 하면 행정구역상 로스앤젤레스 카운티를 의미한다. 로스앤젤레스 카운티는 면적이 4천 84km²이며 로스앤젤레스 시를 포함한 총 88개의 도시가 있다.

로스앤젤레스 카운티의 주요 도시로는 로스앤젤레스, 롱비치, 글렌데일, 산타클라리타, 포노마, 토렌스, 파사데나, 란캐스터, 팜데일, 잉글우드 등이 있다.

20
로스앤젤레스 건축 읽기

로스앤젤레스를 살펴보다

캘리포니아에서 가장 중요한 두 곳을 든다면 로스앤젤레스와 샌프란시스코이다. 42만 4천km²의 면적과 3천만 인구가 캘리포니아에 살고 있는데, 건축비평가인 에스더 맥코이(Esther McCoy)는 로스앤젤레스가 샌프란시스코보다 인구가 많고 볼거리가 더 많다고 말한다. 활동적이고 항상 새로운 디자인이 들어설 수 있는 활력 있는 분위기가 로스앤젤레스에 더 있다고 설명한다.

역사적으로 거슬러 올라가면, 1769년 스페인에서 건너온 가스파르 드 포톨라(Gaspar de Portola)가 산디에고 만에 식민지를 만든 후 인디언 마을 '양나(Yang-na)'에 이르게 되었는데, 그곳이 현재의 로스앤젤레스 지역이다. 당시 '양나'라 불리던 인디언 마을을 '우리 천사들의 여왕(Our Lady Queen of the Angeles)'이라고 이름하였고 그것이 로스앤젤레스로 발전하게 되었다.

그 후 1771년 초기정착이 시작된다. 산가브리엘(San Gabriel) 지역에 두 명의 선교사가 '산가브리엘 대천사 선교학교(The Mission San Gabriel Archangel)'를 설립한다. 1781년 스페인 선교사 두 명과 메스티조 출신(스페인과 인디언의 혼혈계열의 멕시코인) 44명이 함께 영주하면서 시작된 로스앤젤레스는 그 주인이 스페인, 멕시코 그리고 미국으로 이어지는 역사를 가지고 있다. 1850년 캘리포니아가 미국의 31번째 주로 영입되면서 미국의 영토가 되었다. 1876년 샌프란시스코와 철도가 연결되면서 로스앤젤레스로 인구가 유입되기 시작하였고 오렌지 산업이 본격적으로 육성되기 시작하였다.

1885년에는 로스앤젤레스와 미국의 동부 지역을 연결하는 철도가 개통되었으며 로스앤젤레스에서 생산된 첫 오렌지가 동부 지역으로 보급되었다. 그 이후 현재까지 캘리포니아는 미국에서 과일과 야채 그리고 채소가 가장 많이 생산되고 있는 지역이다. 또 유전이 개발되고 주요 항만건설 그리고 헐리우드의 영화 산업과 더글라스 항공사의 항공 산업 등의 발전으로 짧은 시간에 눈부신 성장을 이루었다.

캘리포니아 주에는 58개의 카운티(county)가 있으며, 로스앤젤레스 카운티 내에는 로스앤젤레스 시를 포함한 총 88개의 도시가 있다. 로스앤젤레스 카운티가 캘리포니아 주에서 가장 큰 지역이며, 통상 LA라 불리는 지역은 행정구역상 로스앤젤레스 카운티를 의미한다.

로스앤젤레스 카운티에는 2005년을 기준으로 약 천만 명이 거주하고 있으며, 그 면적은 약 1,200km²이다. 이곳의 주요 도시로는 로스앤젤레스, 롱비치, 글렌데일, 산타클라리타, 포노마, 토렌스, 파사데나, 란캐스터, 팜데일 그리고 잉글우드가 있다. 로스앤젤레스 카운티 내의 로스앤젤레스 시(The City of Los Angeles) 인구는 약 4백만 명이다.

행정구역 체계가 한국과 달라서 다소 혼동되겠지만, 행정구역상 로스앤젤레스라고 부르는 '시'는 지리적으로 작은 편이다. 우리가 흔히 말하는 로스앤젤레스는 인근 지역 — 비벌리 힐스, 산타모니카, 베니스, 말리부, 애나하임 등 — 을 모두 포함한 메트로폴리탄 로스앤젤레스 카운티를 일컫는다.

로스앤젤레스는 미국에서 두 번째로 인구가 많은 곳으로 인종비율

헐리우드에 있는 세계 최대 영화 메카인 유니버설 스튜디오, 로스앤젤레스 유니버설 시티

로 보자면, 라틴 아메리카 계가 41%, 백인 36.9%, 아시아인 11.5%, 흑인이 10.3%를 차지하고 있으며, 태평양 제도 출신과 아메리카 인디언 등의 소수집단이 나머지를 구성하고 있다. 미국의 여러 주들 중에서도 캘리포니아에 아시아인들 — 주로 한국, 중국, 일본, 필리핀, 베트남 — 이 가장 많이 살고 있다. 미국의 다른 지역에서 소수로 구분되는 아시아인의 문화가 로스앤젤레스에서는 중요한 부분을 차지하고 있다.

한편, 백인의 인구는 갈수록 줄어들고 있는 실정이다. 라틴 아메리카 히스패닉 인구가 미국을 점령할 날도 멀지 않았다. 40%도 안 되는 백인의 인구적 구성 때문인지 소수민족에 대한 인종차별이 다른 지역보다 상대적으로 적은 편이다. 다양한 인구적 구성은 미국 문화를 다양하게 만든다. 백인만의 문화가 결코 미국 문화의 전부는 아니다.

로스앤젤레스의 현대 미술관(MOCA, The Museum of Contemporary Art)의 디렉터를 지낸 리처드 코살렉(Richard Koshalek)은 "앞으로의 로

이탈리아의 수상도시 베니스를 모델로 계획한 캘리포니아의 베니스는 산타모니카와 바로 인접해 있다. 로스앤젤레스 베니스

스앤젤레스의 리더쉽은 히스패닉 몫이라는 것은 의심할 여지가 없다"고 말한다. 문화복합도시로서 로스앤젤레스는 아시아, 라틴 아메리카 그리고 "유럽이 만나서 로스앤젤레스만의 새로운 문화를 창조하고 있다"고 강조한다. 캘리포니아의 전체 인구 중 22%가 외국에서 태어난 사람들이다. 그만큼 이민자가 많다는 증거인 셈이다. 이러한 인종적 다양성은 문화의 창조성에 영향을 주고 있다.

문화는 관광상품이다. 세계적인 관광도시로 유명한 로스앤젤레스를 찾은 관광객은 1999년 2천 380만 명이며, 관광객이 소비한 돈은 120억 달러(약 14조 원)에 이른다. 이러한 로스앤젤레스의 경제 구매력은 한국의 경제규모보다 더 크다. 1999년 한해 동안 관광산업이 로스앤젤레스 경제에 미친 효과는 약 280억 달러(약 30조 원)에 이른다고 하니 실로 어마어마한 규모가 아닐 수 없다. 캘리포니아의 경제규모만도 세계 7위라고 하지 않는가. 미국의 한 주(State)의 경제규모가 한 국가보다 더 크니 미국의 전체 경제규모는 가히 세계 최대이다.

천사가 필요한 로스앤젤레스

로스앤젤레스는 극과 극이 공존하는 곳이다. 영원한 것도 없고 예측도 불가능하다. 동시에 모든 것이 가능한 도시이다. 불확실성과 일시성 그리고 가능성이 존재한다. 꿈과 낭만이 존재하는가 하면 폭력 또한 존재한다. 헐리우드와 디즈니랜드가 꿈을 보여준다면 흑인폭동은 폭력이 언제든지 발생할 수 있다는 것을 보여준다. 이처럼 미국의 현실을 극명하게 보여주는 곳이 바로 로스앤젤레스이다.

미국의 역사는 전쟁의 역사가 아닌가? 평화롭게 살고 있던 인디언 땅을 스페인이 들어와서 정복하고, 또 영국이 들어와 영토전쟁을 벌이다가 결국 미국이라는 이름으로 영국으로부터 독립한 나라이다. 로스

인디언 주거문화가 고스란히 남아 있는 뉴 멕시코 주의 타오스 파블로. 미국의 아픈 역사를 말해주고 있다.

앤젤레스도 스페인 선교사가 들어가면서 이주가 시작되었다고들 하나 정확히 보자면 기원전 5~6천 년 전에 이미 인디언들이 살고 있었다. 역사를 다시 쓰자면 '유럽 이방인'들이 미대륙에 들어가서 인디언의 땅을 빼앗았다고 해야 정확한 표현일 것이다. 역사는 항상 승자의 편에서 쓰여지는 것이어서 인디언의 존재는 박물관에만 존재하는 것일까?

미국의 문제들 중 인종문제처럼 복잡하고도 긴 역사를 가지고 있는 것도 없을 것이다. 미국의 원죄와도 같은 인종갈등문제 때문에 로스앤젤레스에서도 큰 폭동의 아픔이 있었다. 1943년 첫 폭동이 발생하여, 1965년에 4일간 계속된 폭동은 34명이 사망하고 1천 34명이 부상당했으며, 무려 4천여 명이 체포되는 미국 역사상 최악의 폭동사태였다.

이후에도 1979년과 1992년에도 대규모 흑인폭동이 일어났다. 특히 우리에게 잘 알려진 1992년 '코리아타운 4.29 LA 흑인폭동'은 로드니 킹 사건이 시발되면서 애꿎은 한인 타운이 엄청난 피해를 입은 사건이다. 재산은 물론이며 인명도 잃은 폭동이었다. 아직도 미국의 인종갈등의 불씨는 꺼지지 않은 상태이다. 2004년에도 백인 경찰관이 흑인 용의자를 몽둥이로 심하게 두들겨 패는 장면이 미국 뉴스에 버젓이 등장하고 있는 것을 보면 언제 또 무슨 빌미로 폭동이 일어날지 누가 알겠는가. 인종간의 문제는 천사의 도움을 절실히 필요로 하는 부분이다.

지진과 산불로 인한 자연재해도 로스앤젤레스의 미래를 어둡게 한다. 앞에서도 말했지만, 미국의 산은 한국과 달리 그 규모가 너무나 광대하다 보니 산불이 한번 발생하면 그 피해가 걷잡을 수없이 커지는 것이다. 한번 발생한 불이 일주일 이상 온 산하를 태워버리는 경우도 있다. 매년 발생하는 산불피해는 캘리포니아뿐만 아니라 지구의 환경을 파괴하는 주요 원인이자 재앙이다.

축복받은 날씨

자동차를 타고 로스앤젤레스로 진입하면 한눈에 들어오는 것이 기다란 야자수 나무이다. 하늘 높은 줄 모르고 계속해서 올라가다보니 야자수 나무가 휘어질 정도이다. 가끔 큰 태풍이 몰아칠 때면 야자수가 뿌리째 뽑혀나가기도 한다. 길게 늘어선 야자수의 모습은 감춰진 도시의 어두운 면과는 아무런 상관도 없다는듯이 낭만적인 느낌을 준다.

해양성 기후로 일년 내내 지내기 좋은 온화한 날씨 때문에 많은 사람들이 캘리포니아로 몰려들었고 호텔과 리조트, 휴양소가 발전하였다. 로스앤젤레스는 지리적으로 태평양 연안에 위치한 평야지역이다. 해안선을 따라 북쪽과 동쪽을 가르는 산줄기 때문에 여름에는 덥지 않고 겨울에는 춥지 않은 지중해성 기후가 나타나고 있다. 로스앤젤레스를 남북으로 가로지르는 산줄기 뒤에는 죽음의 사막인 데스 밸리가 있다. 사막 지역은 로스앤젤레스의 지중해성 기후와는 정 반대로 인간이 살 수 없는 황량한 곳이다.

날씨만큼은 축복받은 로스앤젤레스지만 한편으로 지진의 공포가 항상 있는 곳이기도 하다. 캘리포니아의 지진공포 때문에 아예 그곳에

로스앤젤레스의 야자수 풍경. 자연의 축복과 낭만적인 삶의 여유로움을 전해주고 있는 듯 하다. 산타모니타 플레이스, 로스앤젤레스

이주하기 싫어하는 사람들도 있다. 이래서 세상은 공평한 것일까? 축복받은 날씨와 지진의 공포가 동시에 공존하니 말이다.

건축에서 가장 중요하게 고려할 것은 지역의 기후이다. 건축은 거대한 자연환경 안에서 인간이 기후를 조절해가며 생존해가는 데 반드시 필요한 자연과 소통하는 물리적 실체이자 보호막이다. 건축은 그 지역의 환경에 반응하여 물리적인 것으로 표출되기도 하며, 시대상이나 그 지역의 문화를 표현하는 총체적인 결과물이다. 미국을 지리적으로 크게 네 부분으로 나눠본다면 뉴욕을 중심으로 한 동부 지역, 캘리포니아 주를 중심으로 한 서부 지역, 시카고를 중심으로 한 북부 지역 그리고 텍사스를 중심으로 한 중남부 지역으로 볼 수 있다. 각 지역마다 확연히 다른 기후 때문에 그 지역의 건축도 독특하다. 근대 건축의 등장으로 전 세계가 하나의 건축양식으로 통합되었다고 말하지만, 미국 내에서도 각 지역의 특색에 맞는 다양한 건축방식이 있음을 알 수 있다. 예를 들면 뉴욕과 시카고 지역은 날씨가 춥기 때문에 벽돌집이 많다. 중남부 지역은 넓은 평야 지역에 날씨가 덥기 때문에 대부분의 집이 목조 건축이며, 인디언의 전통적인 흙집이 있다. 캘리포니아 지역은 과거 스페인의 영향 아래에 있었기 때문에 스페인식 건축양식이 존재하며 현대에는 캘리포니아 주만의 독특한 건축을 보여주고 있다.

프랭크 로이드 라이트가 설계한 A. 허트레이 저택, 1902, 오코파크, 시카고

자유의 공기를 마시는 사람들

로스앤젤레스의 건축적 상황을 이해하기 위해서는 캘리포니아 지역이 어떠한 성향을 가지고 있는가를 이해할 필요가 있다. 미국 서부의 가장 끝자락에 있는 로스앤젤레스는 전통적인 동부의 주요 도시와는 달리 자유적이고 진보적인 성향을 많이 가지고 있다. 세계 금융의 중심지인 뉴욕을 비롯하여, 미국 정치의 본고장인 워싱턴 D.C.는 미국의 경제, 정치 중심이 동부 지역이라는 것을 단적으로 말해준다. 미국 역사를 보더라도 유럽의 영향을 많이 받은 동부 지역이 전통을 중시하고 보수적이라면, 개척정신이 강한 서부 지역은 자유와 진보를 추구하는 성향이 강하다.

1970년대 히피 문화가 서부 지역에서 시작한 것을 비롯하여 샌프란시스코의 미국에서 가장 큰 게이 타운은 유명하다. 기존의 권위와 전통에 반기를 들고 새로운 것을 추구하는 면들은 어찌보면 미국의 서부 개척 정신의 연장선에 서 있다는 것을 알 수 있다. 전통적이고 편협한 시각을 내던지고 모험을 추구하는 것은 미국의 서부 개척정신이다. 이러한 문화적이고 지역적인 특색은 그대로 영화나 교육 그리고 건축에 이르기까지 실험되고 반영된다.

로스앤젤레스와 샌프란시스코의 도시와 건축적 차이를 특징짓는다면 샌프란시스코는 '서부의 맨해턴'으로 발전된 고밀도 도시이며 로스앤젤레스는 광활한 땅 위에 펼쳐진 저밀도 도시이다. 이러한 특징은 두 도시가 가지고 있는 지형적인 조건과 기후 그리고 도심환경에 대한 시 당국의 개념 차이에서 기인한다. 샌프란시스코는 경사가 급한 언덕이 많다. 샌프란시스코는 처음에 파리를 도시 모델로 정하고 발전되었으며, 그 후 뉴욕을 모델로 삼았다. 동부의 금융 중심인 뉴욕을 서부로 옮겨놓고자 한 것이 샌프란시스코 당국의 꿈이었다. 결국 샌프란시스코는 서부의 금융 중심지 역할을 수행하는 지역으로 발전하였으며 로

'서부의 맨해턴'으로 불리는 샌프란시스코 다운타운 전경

↑ 헐리우드 복합엔터테인먼트의 중심인 헐리우드 & 하이랜드, 2001. 로스앤젤레스 헐리우드. 극장,호텔,쇼핑몰 등이 복합적으로 계획되어 있다.

→ 헐리우드 & 하이랜드 중앙광장. 영화를 상징하는 필름을 바닥패턴으로 만들어 흥미를 유발시킨다.

⇒ 워크 오브 페임 The Walk of Fame. 헐리우드 거리에 영화, 텔레비젼, 음악계의 스타이름이 새겨진 별 모양이 헐리우드임을 상징한다. 별 안에 있는 카메라는 영화, 레코드는 음악, TV는 텔레비젼, 마이크는 라디오, 마스크는 연극계 스타를 의미한다.

↓ 코닥 극장. 2001년 11월에 오픈하여 매년 아카데미 시상식이 열리는 곳이다.

스앤젤레스와 달리 그들은 도시건축에서의 즉흥적이며 일시적이고 실험적인 것을 거부하게 되었다.

　　로스앤젤레스는 엔터테인먼트 산업의 왕국이다. 영화 산업은 로스앤젤레스에서 가장 큰 비중을 차지하고 있는데, 일년 내내 변화가 거의 없는 로스앤젤레스의 기후적 조건 때문에 헐리우드는 급성장하였다. 세계 영화의 메카인 헐리우드는 새로움과 자유 그리고 젊음을 상징하고 있다. 메트로폴리탄 로스앤젤레스에는 80여 개의 극장과 3백여 개의 미술관이 소재해 있는데, 이는 미국의 어느 도시보다 많다. 헐리우드는 로스앤젤레스의 상징이자 미국을 대표하는 키워드로 전 세계를 향하여 그들의 상상력과 목소리를 내뱉고 있다.

　　로스앤젤레스에서 헐리우드에 버금가는 자유로운 곳이 또 있다면 '로스앤젤스의 서부 지역'이라 불리우는 산타모니카와 베니스이다. 영화감독, 배우, 작가, 대학교수들이 많이 몰려 있는 지역으로 세계의 인재들이 모여 있는 곳이다. 산타모니카와 베니스를 가르는 경계는 사실상 의미가 없으며 구분하기도 힘들다. 로스앤젤레스에서도 가장 별난 사람들이 모여 산다는 베니스에는 예술가와 지식인들이 많이 몰려 있으며 예술과 지식을 생산하는 지적 공장지대이다. 실험적인 건축 작품도 로스앤젤레스의 서부 지역인 산타모니카와 베니스에 많이 소재해 있다.

실험하는 건축

　로스앤젤레스가 이렇게 발전되기 전부터 현대 건축의 거장들이 이곳에서 활동했다. 프랭크 로이드 라이트는 로스앤젤레스에 근대 건축의 문을 연 미국 출신 건축가이며, 루돌프 쉰들러와 리처드 노이트라는 유럽에서 건너와 정착한 건축가들이다. 이 거장들의 작품은 젊은 건축가들에게 풍부한 건축적 배경을 만들어주었다. 프랭크 로이드 라이트는 1900년대 초 로스앤젤레스 현대 건축 발전에 가장 큰 촉매역할을 하였는데, 1917년과 1925년에 캘리포니아 지역에 무려 40여 개의 프로젝트를 설계하였고, 7개의 주택을 지었다. 라이트가 기존의 지역적인 건축으로 특징되던 스페인 종교건축 양식을 거부하고 마야 양식을 빌려

반스달 하우스 Barnsdall House, 1921, 로스앤젤레스 힐리우드. 힐리우드 지역에 프랭크 로이드가 설계한 대표적인 마야 양식풍의 주택

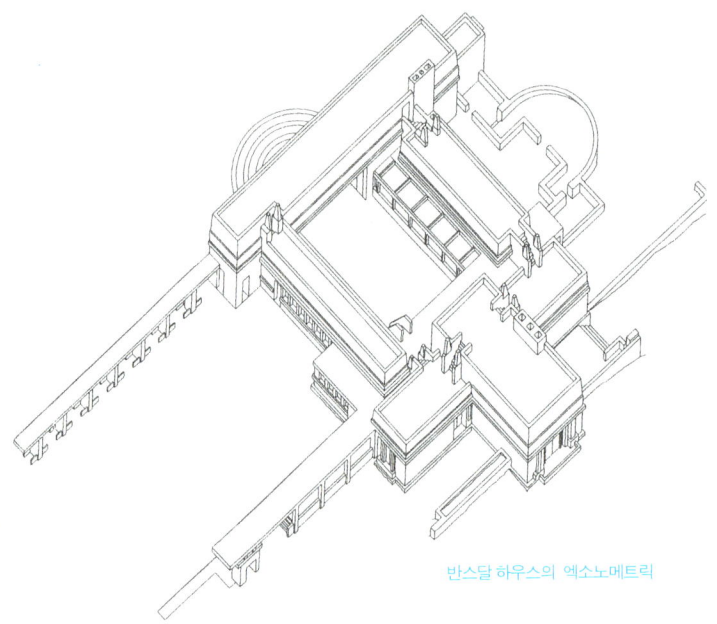
반스달 하우스의 엑소노메트릭

건물을 디자인한 것은 기존 양식을 거부하고 모더니티가 들어올 수 있는 틈을 만든 계기가 되었다.

프랭크 로이드 라이트의 건축에 관한 전문학자인 텍사스 주립대학 건축대학 교수 안토니 앨로프신(Anthony Alofsin)은 라이트가 마야 양식 같은 원시적인 형태를 건축의 예술적인 요소로 채택한 것은 당시 유럽에서 활동하던 피카소와 같은 예술가들이 관심을 가지고 있었던 원시적인 예술부분과 일맥상통한다고 말한다. 결국 라이트가 로스앤젤레스에 모더니즘의 꽃을 피울 건축적 기운을 조성한 것이다.

유럽 건축가 루돌프 쉰들러는 1914년에 미국으로 이주하여 라이트를 돕게 된다. 당시 일본 동경제국호텔 프로젝트 때문에 라이트는 일본에 자주 가야만 하는 상황이어서 캘리포니아 지역 스튜디오를 책임지게 된 쉰들러는 동료이자 친구인 건축가 리처드 노이트라와 함께 캘리포니아 건축발전에 중요한 역할을 하게 된다. 오스트리아 건축가 아돌프 루스로부터 영향을 받은 노이트라 역시 라이트와 잠시 일한 경력

2093년의 로스앤젤레스를 배경으로 한 공상 과학 영화 《블레이드 러너》 (1982) 포스터와 영화 속의 건축 이미지

을 가지고 있는데, 로스앤젤레스에서 근대 건축의 장을 열고 발전시킨 중요한 역할을 하게 된다.

유명 건축물은 영화의 무대로 자주 등장한다. 라이트의 마야 양식의 주택이 미래영화에 심심치 않게 등장하는 것은 익히 알려진 사실이다. 영화 산업의 발전과 함께 헐리우드는 미국의 상징적인 존재로 부상하였다. 2005년 통계에 의하면 로스앤젤레스 인근지역에서 무려 17만 명이 영화와 텔레비전 산업에 종사하고 있다. 영화는 사실과 허구 그리고 비현실과 현실을 혼동시키는 특징을 가지고 있으며 헐리우드의 이러한 특성이 로스앤젤레스 건축에 고스란히 반영된다.

1982년 리들리 스코트(Ridley Scott) 감독의 《블레이드 러너 *Blade Runner*》는 로스앤젤레스 건축에 영향을 미치게 된 대표적인 예이다. 영화의 배경이 된 2093년의 로스앤젤레스는 산성비가 내리고 하늘은 온통 오염되어 어두운 종말론적인 미래 모습을 보여주고 있다. 영화 속에

망원경을 거리에 세우는 파격적인 건축실험.
프랭크 게리가 설계한 치엣-데이 모조 오피스
건물, 1986, 로스앤젤레스 베니스

등장하는 미래적 이미지의 건축 배경은 모포시스 건축 그룹 같은 젊은 건축가들에게 많은 영향을 미치게 되었다. 헐리우드는 끊임없이 영화를 생산하며 현실과 허구의 경계를 무너뜨리고 혼동시킨다. 영화 무대로서의 건축은 현실의 건축 세계와 허구의 영화세계가 융합되어진 것으로 재생산된 것이다. 헐리우드는 로스앤젤레스 건축가를 계속해서 자극하게 되며 그들의 건축은 영화 속에서 실험되고 발전하게 된다.

헐리우드가 로스앤젤레스의 도시건축에 미친 영향은 개인적이고 환상적이며, 쾌락적이다. 마치 영화무대로서의 건축, 영화 속의 배우 같은 삶의 환상은 도시계획과 건축에 반영된다. 오늘의 로스앤젤레스에 공존하는 영화와 미술, 조각 그리고 건축의 경계는 모호할 정도로 서로가 서로에게 영향을 주고 자극을 받고 있다. 단적인 예로, 프랭클린 이스라엘처럼 파라마운트 영화사의 아트 디렉터로 일하다가 건축으로 성공한 경우도 있다.

    캘리포니아 건축은 한마디로 실험적이다. 로스앤젤레스가 그 실험의 중심에 서 있다. '캘리포니안 건축'으로까지 불려지는 로스앤젤레스 건축은 프랭크 게리를 선두로 그를 따르는 젊은 건축가들이 이 실험 작업에 동참하고 있다.

    프랭크 게리를 중심으로 프랭클린 이스라엘, 에릭 오웬 모스, 톰 메인, 마이클 로툰디와 같은 중진 건축가들의 건축 작품은 로스앤젤레스의 현대 건축을 특징짓는 것이자 동시에 세계적인 건축의 흐름으로 읽혀진다. 이런 건축가들은 실험적이고 모험적인 것을 좋아하는 건축주들의 후원으로 건축 작품을 만든 결과, 로스앤젤레스를 전 세계의 건축 비평가와 후원자 그리고 학생들의 관심이 집중되는 곳으로 바꾸어 놓았다.

    이러한 새로운 건축 현상은 로스앤젤레스를 비롯한 캘리포니아 경제 사정과 긴밀한 관계가 있다 해도 틀린 말이 아니다. 1930년대의 암울한 경제 대공황으로 건축 분야도 타격을 받은 것은 두말할 나위 없다. 어려운 경제사정 속에서 건축가가 살아남기 위한 방법은 적은 예산으로 훌륭한 건축물을 디자인하는 것이다. 건축주들에게 최소한의 경비로 최대한의 독창적인 해결방안을 내놓는 것이 생존 전략의 필수사항이었다. 1930년대에 비하면 지금의 경제 사정은 훨씬 나아졌다고 생각할 수 있지만, 1980년대 이후 미국의 경제적 불황으로 캘리포니아의 자유롭고 팽창적인 소비생활은 주춤하게 된다. 이러한 환경 속에서 건축가가 작업하기란 여간 어려운 게 아니다. 불황 속에서 생존하기 위해 로스앤젤레스 건축가들은 새로운 전략을 세우고 건축 작업을 했는지도 모른다. 그래서 값싼 재료와 저렴한 건축예산으로 독특한 건축 작업을 하고 있는 것은 아닐까.

산학협동체제

새로운 건축의 꽃이 피려면 교육이 뒷받침되어야 한다. 두 개의 톱니바퀴가 서로 맞물려 돌아가듯 실무현장과 학교교육이 자극을 주고받고 서로의 단점을 보완해줄 수 있는 관계가 되어야 한다. 하나의 건축 경향이 끊임없이 발전하려면 뒷받침하는 이론적 배경이 있어야 하고, 이것은 곧 학교에서 이루어져야 한다. 기존의 교육방식에 반기를 들며 젊은 사람들이 모여 만든 한 학교가 오늘의 캘리포니아 건축을 만들었다. 하나의 밀알이 많은 열매를 맺은 것이다.

로스앤젤레스의 대표적인 건축학교로 3개 학교를 언급할 수 있다. 캘리포니아 주립 대학 로스앤젤레스 캠퍼스(University of California at Los Angeles, 이하 UCLA), 남가주 대학(University of Southern California, 이하 USC) 그리고 남가주 건축학교(The Southern California Institute of Architecture, 이하 SCI-ARC)이다. UCLA는 주립 대학이며 나머지 두 학교는 사립학교이다. 이 중에서 동부 중심의 건축경향을 서부로 옮기는 데 가장 큰 역할을 한 학교가 있다면 단연 SCI-ARC이다. UCLA와 USC 두

캘리포니아 주립 대학, 로스앤젤레스

학교 역시 좋은 건축 프로그램을 진행하고 있지만 기존의 건축작업에 새로운 접근방식으로 활력을 불어넣고 로스앤젤레스 건축만의 특징을 만든 학교가 바로 SCI-ARC이다.

1972년에 설립된 SCI-ARC은 전통적인 건축 작업을 거부하면서 세계의 관심을 받아왔다. 프랭크 게리로부터 시작하여 톰 메인, 마이클 로툰디 그리고 에릭 오웬 모스로 이어지는 SCI-ARC 리더들의 주된 목표는 진정한 예술가를 배출하여 기존의 건축을 전복시킬 수 있는 건축가를 만들어내는 것이다. 프랭크 게리가 건축의 형태와 재료에 관심을 가지고 작업을 하는 것과 달리 SCI-ARC는 새로운 건축을 위해 기존의 건축적 사고의 경계를 뛰어넘어서 작업하고 있다.

에릭 오웬 모스가 설계한 오피스 현관, 1988-90, 로스앤젤레스 컬버 시티, 전통적인 재료의 형식을 탈피하고자 하는 그의 실험의지를 보여주고 있다. 8522 National Boulevard

건축비평가 찰스 젱크스는 SCI-ARC를 이렇게 비평하고 있다.

원자폭탄 이후로 모든 것을 죽여 버리는 하이테크는 결국 죽은 하이테크이며 이것은 SCI-ARC으로 하여금 모더니즘에 대한 새롭고 복잡한 건축적 태도를 생산하게 만들었다. 그래서 1980년대에 SCI-ARC을 접수한 톰 메인과 마이클 로툰디는 SCI-ARC을 기존의 전통적인 교육 방식을 탈피한 아방가르드 건축 학교를 만들었다. 모더니스트들이 산업기술에 대한 신념을 가진 것과는 상관없이 SCI-ARC에 참여하는 건축가는 산업기술에 대한 긍정과 부정의 양면을 동시에 인식하고 있다는 것이다. 그리고 그들은 산업기술이 환경오염을 일으키며, 성장에는 희생이 수반되고 성공의 뒷면에는 낙오자가 발생한다는 것을 알고 있었다. 그럼에도 불구하고, 그들은 모더니스트들이 산업기술을 과장되게 표현하는 입장을 고수하면서 산업문화에 애착을 보이고 있다.

산타모니카에 SCI-ARC가 설립된 이후 젊고 참신한 건축가들이 이곳으로 몰려들었다. 이 집단에 속한 건축가들은 모두 실무에서 활동하고 있는 사람들로서 폭 넓은 건축 교육을 받은 자의식 강한 사람들이다. 대부분의 미국 모더니스트들이 가지고 있는 직관적이고 편협된 시각을 이들은 가지고 있지 않으며, 교육 현장에서 많은 시간을 보내온 사람들이다. 이들의 관념은 단순히 추상적인 것이 아니라 구조와 재료, 실물 형태에서의 빛의 연출, 건축물과 장소의 관계 등의 실질적인 건축 문제에 많은 고민을 하고 있는 사람들이다.

학교 교육이 실무와 연결되어 있듯이, 로스앤젤레스 건축의 발전은 학교와의 연계를 통한 끊임없는 교류 덕택이라 해도 과언이 아닐 것이다. 건축가든 예술가든 작품의 뿌리를 지탱해주는 이론과 철학이 튼튼하지 않으면 결코 건강하게 성장할 수 없다. 건축 작품은 한 개인의 작업결과이면서 동시에 한 사회의 시대와 문화를 대변하기 때문에 그 지역의 사회·인문적인 배경과 떨어진 채 생각할 수 없다.

로스앤젤레스 건축 입문

　　로스앤젤레스의 건축 입문을 위해서는 건축가 프랭크 게리를 알아야 한다. 프랭크 게리는 뉴욕과 동부 중심의 미국 주류의 건축을 서부로 옮겨놓는 데 선두 역할을 했던 건축가이다. 1980년대 캘리포니아 건축가들은 시각예술과 건축의 관계를 새롭게 정립하면서 기존의 건축이 가지고 있던 전통적인 재료와 형태 그리고 건물 유형이라는 개념과 권위에 도전하였다. 프랭크 게리에 대한 건축은 2장에서 자세하게 언급할 것이다.

　　프랭크 게리의 작품을 비롯한 에릭 오웬 모스, 모포시스, 프랭클린 이스라엘과 같은 세계적인 건축가의 작품을 답사하면서 느낀 것은 이들의 건축이 단순히 건물로서 서 있는 것이 아니라는 점이다. 베니스와 산타모니카 등 작품들이 주로 소재한 지역의 문화적인 특색을 병행해서 이해해야 한다. 독특한 건축 형태, 건축마감재료의 신선함과 실험적인 아이디어와 같은 창의성은 우리가 배울 점들이다. 실험적이고 전위적인 건축은 때로 어렵게 느껴진다. 마치 현대 추상미술을 감상하는 것과 비슷한 느낌을 받을 때가 많다. 건축을 공부하는 사람도 이해하기 어려운 건축을 일반대중이 이해하기란 더욱 어려울 것이다. 전통적인 학교 교육을 받았던 나 또한 그들의 작품을 이해하기란 쉽지 않다. 작품을 설명하는 데 현학적인 문구와 철학적인 이론을 가지고 말하면 이해하기 힘든 것이 사실이다. 작가의 의도와 개념을 읽는 것도 중요하지만 작품이 보여주고 있는 것을 그대로 감상하면 그만일 것 같다.

　　실험적인 건축가들 외에 프랭크 로이드 라이트가 설계한 주택들이 로스앤젤레스에 있다. 현재 세계적으로 왕성하게 활동 중인 리처드 마이어가 설계한 게티 센터도 로스앤젤레스에서 꼭 봐야 할 건축이다. 2004년에 작고한 필립 존슨의 크리스털 교회와 이미 작고한 찰스 무어의 시빅 센터 그리고 무명의 신진 건축가들이 설계한 참신한 디자인을

필립 존슨이 설계한 크리스털 교회는 세상에서 가장 밝은 교회이다. 1977-80, 가든 그로브 로스앤젤레스 인근

로스앤젤레스에서 볼 수 있다. 또 실험적인 건축 외에 다양한 건축 풍경을 볼 수 있는 곳이 로스앤젤레스이다. 아르데코 양식의 건축물이 아직까지 대중으로부터 사랑받고 있으며, 로스앤젤레스의 얼굴격인 로스앤젤레스 국제공항(LAX) 건물의 독특함과 다운타운의 재개발된 벙커힐의 도시 풍경, 미래적인 이미지를 담고 있는 보나벤처 호텔, 국제적 대형 설계사무실이 설계한 고층 빌딩과 쇼핑몰 그리고 외국 유명 건축가들이 설계한 건축도 같이 볼 수 있다.

02

프랭크 게리　현대 건축의 대부

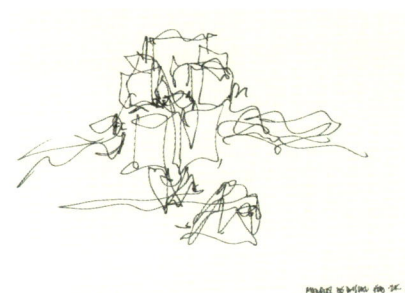
프랭크 게리의 스케치

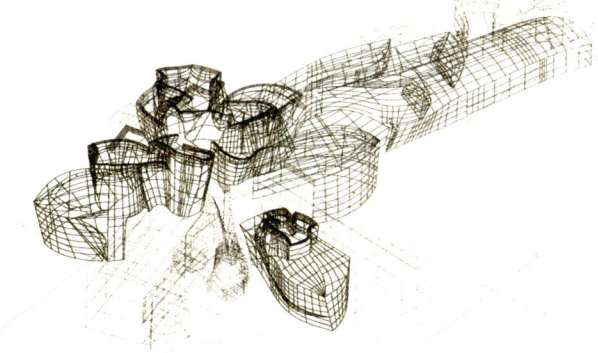
빌바오 구겐하임 뮤지엄의 컴퓨터 모델링

프랭크 게리, 건축의 비주류에서 주류로

> 나는 건축을 크게 만들거나 중요한 선언을 위해 하는 것은 아닙니다.
> 나는 많은 아이디어를 건축하려고 노력하고 있습니다.
> _프랭크 게리

로스앤젤레스는 너무나 빨리 급변하고 있다. 하루가 무섭게 새로운 건축이 만들어지고 마치 변해야만 하는 당위성을 가진 것처럼 달라지고 있다. 로스앤젤레스의 사회와 문화적 배경의 지식을 안고 세계적인 현대 건축가들의 작품을 중심으로 건축문화를 읽어보자.

로스앤젤레스 여행을 하다보면 때로는 상식적으로 받아들이기 힘든, 우리의 수준으로는 이해하기 어려운 건축, 또 기가 막힌 상상력과 건축적 재치로 우리의 눈을 놀라게 하는 건축도 있으며, 가슴 한구석을 꿈틀거리게 만드는 감동적인 건축을 만나기도 한다. 이렇게 다양한 로스앤젤레스 현대 건축의 중심에 프랭크 게리라는 건축가가 있다.

그는 한마디로 로스앤젤레스 현대 건축의 대부이다. 그렇다고 미국 건축가 필립 존슨처럼 정치적인 권력을 휘두르는 그런 대부는 아니다. 로스앤젤레스의 자유스럽고 실험적인 건축의 문을 연 선구자이자 지금도 끊임없이 자신의 틀을 깨뜨려가며 작업하는 건축가이며 현재 세계적으로 가장 주목받고 있으면서, 동시에 왕성하게 활동하고 있는 건축가이다.

게리의 작품 세계는 매우 실험적이며, 무언가 다르게 표현하려는 그의 열정이 녹아 있다. 스페인 빌바오에 소재한 구겐하임 뮤지엄과 로스앤젤레스의 디즈니 콘서트 홀은 게리가 끊임없이 실험하고 있는 건축의 현주소라고 볼 수 있다. 그의 건축적 승리는 나이와 걸맞게 최고

빌바오 구겐하임 뮤지엄 1991-97. 스페인 빌바오

↑ 프랭크 게리의 초창기 작품인 댄자이거 스튜디오 주택, 1964, 로스앤젤레스. 단순한 매스로 구성된 미니멀리스트적 건축구성을 보여주고 있다.

➜ 음악체험 프로젝트(Experience Music Project, EMP), 1995-2000, 미국 시애틀. 게리의 아방가르드적 건축에 대한 열정을 보여준다

정점에 달해 있다. 그는 분명 오늘날 세계 현대 건축사의 한 획을 그은 사람이다.

그는 1929년 캐나다 토론토에서 출생하였다. 남가주 대학에서 미술을 공부하다 건축으로 전공을 바꾸어서 1954년에 건축 학사를 받았다. 그 후 빅터 그루엔 사무실(Victor Greun Associates)에서 디자이너로 실무를 시작하였다. 미 육군에 근무한 경력이 있으며, 1956년부터 1957년까지 하버드 디자인 대학원(Graduate School of Design)에서 도시계획(City Planning)을 공부하였다. 사사키(Sasaki), 페레이라와 럭맨(Pereira & Luckman), 빅터 그루엔, 안드레 레몬데트(Andre Remondet) 사무실에서 실무 경력을 쌓았다. 하버드를 비롯한 미국의 주요 대학에서 강의하였고, 다수의 건축상을 수상하였으며, 1989년에는 건축가로서 최고의 영예인 프리츠커 상을 수상하였다.

1962년 이후로 지금까지 자신의 사무실(Frank O. Gehry and Associates, Inc.)을 개업한 이후로 외롭게 투쟁해온 프랭크 게리의 건축 세계는 1980년대에 비로소 그 빛을 발하기 시작한다. 이 시기는 1980년

대의 로스앤젤레스의 건축문화가 새롭게 탈바꿈하는 시기였다. 게리는 그 당시의 건축계 사정을 이렇게 회고한다.

> 내가 나의 스타일을 찾기 시작했을 때, 그 당시 어느 누구도 무언가 다른 것을 만들려고 시도하려는 사람이 없었어요. 디자이너는 고립되어 있었지요. 그래서, 저는 건축가보다 미술가들 사이에서 나와 공통된 점들을 찾을 수 있었습니다. 로스앤젤레스에서 나는 오랫동안 이상하게 취급되고, 따돌림당했으며, 독불장군이라는 소리를 들었습니다. 지난 수년 동안 어느 누구도 저에게 공공 프로젝트나 대규모의 건축 계획안을 주지 않았습니다. 현상 설계에서 당선한 디즈니 콘서트 홀이 아마 저에게 처음으로 온 가장 큰 프로젝트일 것입니다. 그것도 제가 활동하고 있는 로스앤젤레스에서 말입니다. 로스앤젤레스에서는 실험의 자유가 있음에도 불구하고, 전위적이고 선구적인 아방가르드 부류는 중심 주류에서 주변으로 밀려나 있습니다. 예술적인 표현은 우리의 영혼에 활기를 넣어주는 것이라고 저는 생각합니다.

고독한 싸움

게리의 초창기 드로잉은 아주 멋있다. 젊은 시절에는 랜더링이나 투시도 기술을 배우는 데 많은 시간을 투자했다고 게리는 회고한다. 자신도 투시도를 그릴 때면 흥분했다고 한다. 그림으로는 너무 멋있어서 그 그림이 자신을 속였다고 게리는 말한다. 하지만 멋있는 그림은 결코 그 그림대로 실현되지 않는 것이 현실이라는 것을 구조설계사의 도면을 보고 그는 깨닫게 된다. 구조설계의 도면을 보면 랜더링이나 투시도처럼 아름답지도 않고, 어떠한 특색도 없으며, 심지어는 추해 보인다.

그 후로 게리는 건축의 마지막 완성품에 심혈을 기울이지 도면 자체에는 신경을 쓰지 않게 된다. 게리는 종이 위에서 건물을 찾으려고 노력한다. 조각가가 어떤 이미지를 찾기 위해 돌이나 대리석을 자르는 것처럼 말이다. 그는 드로잉을 마지막 결과물로 보지 않는다. 드로잉은 단지 아이디어를 얻는 과정이라고 본다.

로스앤젤레스에서 프랭크 게리는 분명히 주목받지 못하는 비주류 건축가였고 이상한 건축가로 취급되었다. 게리는 1962년 이후로 오랜 기간 동안 건축 작업을 해왔지만, 국제적인 시선을 받기 시작한 것은 1978년 산타모니카에 있는 자신의 주택을 리노베이션하면서부터였다. 16년 동안 그는 자신의 스타일을 만들기 위해 외롭게 건축을 실험하고 주류 건축과 싸워왔던 것이다.

게리의 건축은 로스앤젤레스의 중요한 문화의 한 부분이자, 그를

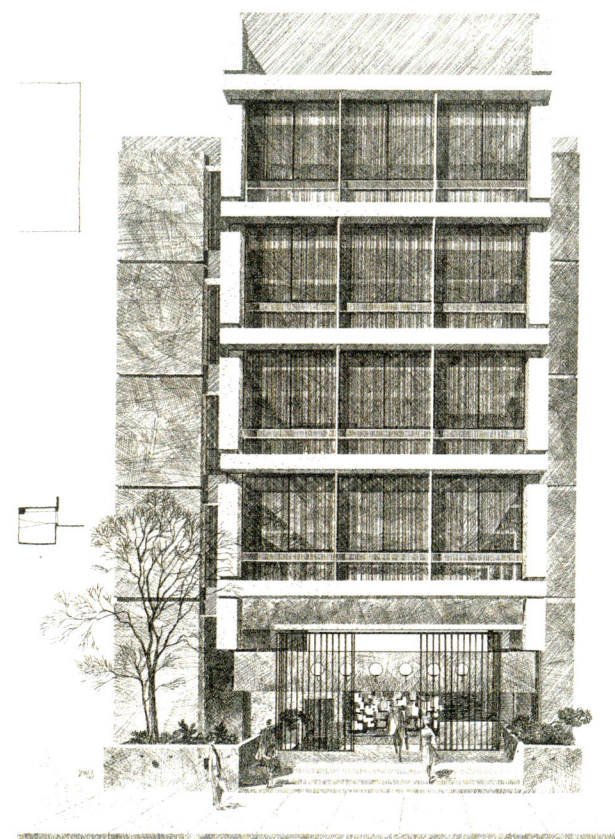

스트비스 오피스 빌딩 Steeves Office Building, 프랭크 게리의 초창기 랜더링, 1963, 산타모니카

값싼 나무재료와 함석판으로 외부 마감한 스 필러 하우스, 1980, 로스앤젤레스 베니스

따르는 젊은 건축가들에게 많은 영향을 미치고 있다. 그의 건축은 로스앤젤레스의 미술계의 발전과 그 맥락을 같이 하고 있다. 그의 지인(知人)들이 미술하는 이들이라는 것을 보아도 쉽게 알 수 있다. 그는 그림을 보는 것을 즐겨한다. 그림의 구성이나 아이디어를 건물로 끌어들이기도 한다. 그는 예술가이자 건축가이다.

게리는 1989년 프리츠거 상을 받고 자신의 스타일에 대해 다음과 같이 말한다.

나의 예술가 친구들, 존스(Jasper Johns), 라우센버그(Bob Rauschenberg), 키엔홀즈(Edward Kienholz) 그리고 올덴버그(Claes Oldenburg)는 아주 값싼 재료들을 가지고 작업을 하고 있습니다. 예를 들어, 부서진 나무나 종이 같은 것 말입니다. 이런 재료들은 표면상의 디테일이 아니고 아주 직접적인 것들입니다. 친구들의 작업에서 나는 이런 질문을 나에게 해 봅니다. 과연, 미(美)란 무엇인가? 나는 가능한 수공예적인 것들을 선택하려고 노력합니다. 목수들하고 같이 일하면서 그들이 가지고 있는 한계를 뛰어 넘는 어떤 가치들을 실현하려고 애씁니다. 나는 형태에 감정과 영혼을 불어넣기 위해 새로운 시공 재료의

건축의 형태와 재료에 대해 새롭게 눈을 뜬 프랭크 게리

48

프랭크 게리
현대 건축의 대부

과정을 탐구했습니다. 내 자신이 가지고 있는 표현의 본질을 찾고 있는 도중에, 나는 이런 몽상에 잠기곤 했습니다. 마치 그림을 그리는 화가처럼 하얀 캔버스 앞에 서서 '첫 그림은 무엇을 그릴까' 하고 고민하는 것이었습니다.

현실 속의 건축

그가 건축에서 중요시 하는 것 중에 하나는 건축예산이다. 대부분의 유명 건축가들의 건축예산은 예상치를 초과하는 것이 일반적이다. 게리는 현실적이다. 주어진 예산 안에서 건축을 마무리하려고 노력한다. 그래서 건축예산은 게리에게 아주 심각한 부분으로 인식된다.

게리는 집이 만들어지는 과정에서 보여지는 구조의 노출을 건물이 마무리되어졌을 때보다 더 좋아한다. 이것은 매우 현실적인 그의 시각에서 기인한다.

프랭크 게리가 실험하고 만든 카드보드 의자들, 1969-71

나는 사람들에게나 정치에 있어서 자유적인 면과 사회주의적인 입장을 가지고 있어요. 부드럽고 예쁜 것은 별로 좋아하지 않습니다. 껍데기를 쓰고 있는 생각이 드니까요. 그것은 진짜 모습이 아닙니다. 건축도 마찬가지입니다. 그래서, 나는 좀더 사실적이고 현실적인 시각으로 사물을 바라보고 있습니다.

그가 즐겨 쓰는 값싼 나무판이나 건축재료를 추상적인 형태의 조작이나 미술의 한 사조를 따르는 것으로 보는 것이 아니라, 사회적인 입장에서 볼 수 있다. 아메리칸 드림의 상징적인 도시 로스앤젤레스에서 보여지는 사회적인 모순을 게리의 건축에서 재료의 물성을 통해 엿볼 수 있다. 미국의 일상생활에서 볼 수 있는 빈부 격차, 빈민층, 산업공해와 각종 쓰레기 그리고 구식이 되어가는 기계류의 상징으로 게리는 값싼 재료를 그의 건축에 의도적으로 적용하고 있는지도 모른다.

게리의 작품은 미국의 현대 건축가 로버트 벤추리와 이탈리아의 알도 로시의 건축과 비슷한 경향을 띠고 있다. 벤추리의 사무실은 어떻게 빌딩을 만드는지 잘 알고 있는데, 이는 단순히 빌딩을 잘 만든다는 것 뿐만 아니라, 동시에 빌딩 주위의 환경을 건축에 잘 반영할 줄 안다

로버트 벤추리가 설계한 시애틀 미술관, 1984-91, 미국 시애틀. 도심가로에 접한 건축면의 스케일 조작이 뛰어나다.

는 것이다. 또 벤추리의 건축은 스케일간의 조작이 뛰어나다. 로시는 그가 몸담고 있는 사회의 많은 부분을 차지한다. 로시와 게리의 스케치를 비교해보면 매우 유사한 것을 알 수 있으며, 특히 그들의 스케치가 건물 완공의 끝과 동일하다는 점에서 공통점을 찾을 수 있다.

기억 그리고 건축

게리는 물을 좋아하며, 잉어, 수영과 요트도 좋아한다. 게리의 건축에는 잉어가 자주 등장하는데, 이는 그의 어린시절과 관련 있다. 어렸을 때 게리는 할머니와 함께 매주 목요일에 유대인 시장에 가서 잉어를 사오곤 했다. 살아 있는 잉어를 탕으로 끓이기 전에 게리는 잉어와 함께 욕실에서 놀았던 일을 기억하고 있다. 잉어와 놀면서 그는 잉어의 완벽함을 알게 된다. 잉어의 모양, 움직임, 비늘의 이미지는 그에게 하나의 완벽한 상징물로 자리잡는다. 이러한 유년시절의 잉어에 대한 추억이 훗날 그의 디자인의 한 부분으로 다시 부활한 것이다.

게리는 예술가의 실험에 대한 자유를 마음껏 시도하는 중이다. 그는 건축을 조각적인 형태로 인식하고 있다. 잉어는 조각의 일부로, 인테리어 장식으로 그의 건축 속에 살아 있다. 건축을 조각으로 인식하고 있는 게리는 예술과 건축 사이의 새로운 접근 방법을 디자인에서 찾으려

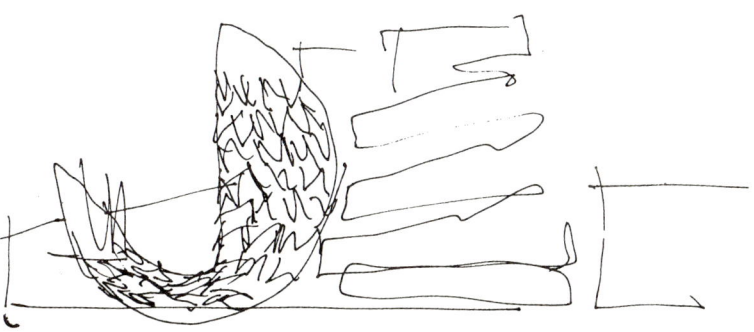

피쉬댄스 레스토랑 Fishdance Restaurant 스케치, 1986, 고베, 일본

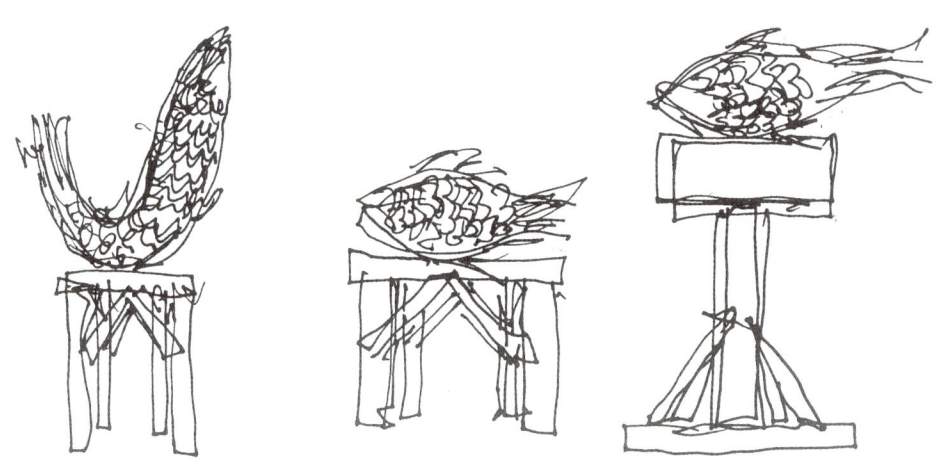

로우 화이트 피쉬램프 Low White Fish Lamp, 1984. 프랭크 게리가 만든 물고기 모양의 램프

물고기 모양을 이용한 램프 디자인 스케치

고 모색한다. 게리는 건축가나 예술가 모두 형태의 질적인 면과 컬러, 텍스쳐, 형태 그리고 공간 사이의 시각적인 현상에 공통된 관심을 갖고 있다고 주장한다. 게리는 조각가들과 같이 공동작업을 하면서 많은 공통점를 발견한다. 그는 추상화된 조각의 환상을 건축으로 재창조하고 있다. 가로수 역할을 하는 조각들을 게리의 건축에서 발견할 수 있다.

1962년 게리가 자신의 사무실을 개설하여 지금까지 걸어온 여정을 살펴보면 매우 흥미롭다. 건축에 대한 그의 사고가 변한 것이 아니라, 형태의 아이디어가 지금까지 변해오고 있다. 가구의 일부분으로 건축을 보거나 조각의 일부로 건축 작업을 하고 있는 그는 로스앤젤레스의 도시가 갖고 있는 사회적 특성을 상징적으로 융합시키면서, 거기에 그의 예술적인 감각을 덧붙여 그만의 독특한 건축 세계를 구현하고 있다. 세계적인 건축가 피터 아이젠만은 게리를 두고 이렇게 말한다.

> 이론에 치중한 나머지 자신의 건축 이념을 구현하지 못하는 건축가와 달리 게리는 지금까지 자신의 건축 세계를 끊임없이 만들어오고 있다는 점에 놀랍다. 그는 작은 소품부터 건축에 이르기까지 모든 것을 디자인하는 건축가이자 상업적으로도 성공한 건축가이다.

게리가 디자인한 의자, 조명기구는 여러 전시회를 가질 만큼 독특하며 성공적이다.

현실에 안주하고자 하는 것이 인간의 근본 속성일까? 수많은 건축가들 중에서 자신의 스타일을 계속해서 깨가고 있는 사람 또한 매우 드물다. 분명 쉬운 일은 아니다. 끊임없이 새로운 것을 실험하고 기존의 건축에 다른 모습을 만들려고 추구하는 게리의 건축 작업태도에 경의를 표한다. 피상적이고 시각적인 건축 형태에 우리는 게리가 꿈꾸는 진정한 건축 의도를 간과하고 있는지 모른다. 사회와 건축 그리고 예술과의 끊임없는 교류 속에서 78세를 넘어선 그가 어떤 새로운 스타일의 건축을 만들지 사뭇 궁금하다.

해체적 실험을 찾아서_ 프랭크 게리 하우스

아니, 저게 집입니까? 아니면 폭탄이라도 맞은 겁니까?

이상한 집이다. 피난촌에나 있을 법한 판자집 같다. 함석판으로 누더기 옷을 입고 집 모서리는 찢겨나가 있다. 일부러 저렇게 갈기갈기 찢어놨을까? 또 철망은 무엇인가? 정말로 이상한 집이다.

고독한 싸움을 해오던 프랭크 게리가 그동안 겪었던 비주류로서의 울분을 자신의 주택에 모두 풀어놓은 것 같다. 어느 누가 자기 집을 저렇게 만들어 달라고 부탁하겠는가? 그것도 1970년대 후반에 말이다. 건축가가 자신의 건축을 이해해주는 건축주를 만나는 것이 쉽지 않다. 그래서 자신의 집을 멋지게 만들어 건축계로부터 주목을 받는 일이 종종 있다. 멕시코 건축가 루이스 바라간도 자신의 주택으로 주목받았고, 필립 존슨도 그러했다.

게리도 이 주택으로 말미암아 확고한 그의 건축 세계를 열기 시작했으며 세계적으로 주목을 받기 시작한다. 한마디로 이 주택은 기존 건축계에 대한 반항이자 실험이며, 예술품인 것처럼 보인다. 게리가 이 주택을 개조했을 당시, 게리는 기존 건축계로부터 쓰레기 건축이라는 혹평을 받았지만 로스앤젤레스에서 게리를 따르는 건축가들에게는 신선한 충격이었다.

게리의 주택이 있는 곳은 미국의 전형적인 주거지이다. 붉은 기와지붕이 있는 스페인식 집들과 전통적인 미국 주택이 있는 동네 분위기는 차분하고 안정되어 있다. 게리의 주택은 이 조용한 주택 단지에 두 가로가 만나는 모퉁이에 위치해 있는데, 마치 모더니즘과 국제주의 양

프랭크 게리 하우스 Frank Gehry House, 1979, 산타모니카
기존 주택에 외피를 다시 덧붙여 리모델링한 집이다.
1022, 22nd Street at Washington Ave. Santa Monica, CA

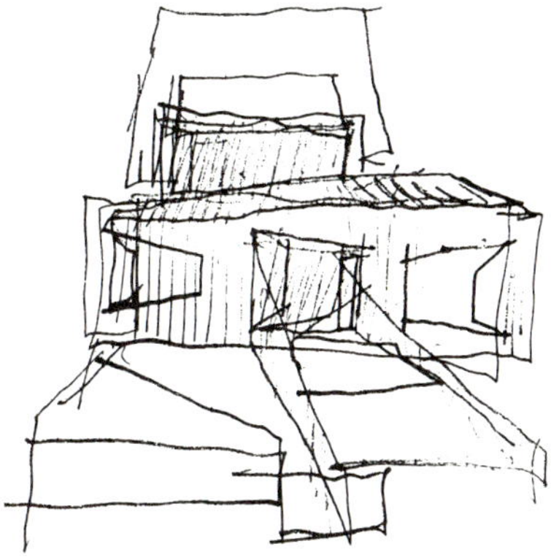

프랭크 게리 하우스의 초기 스케치

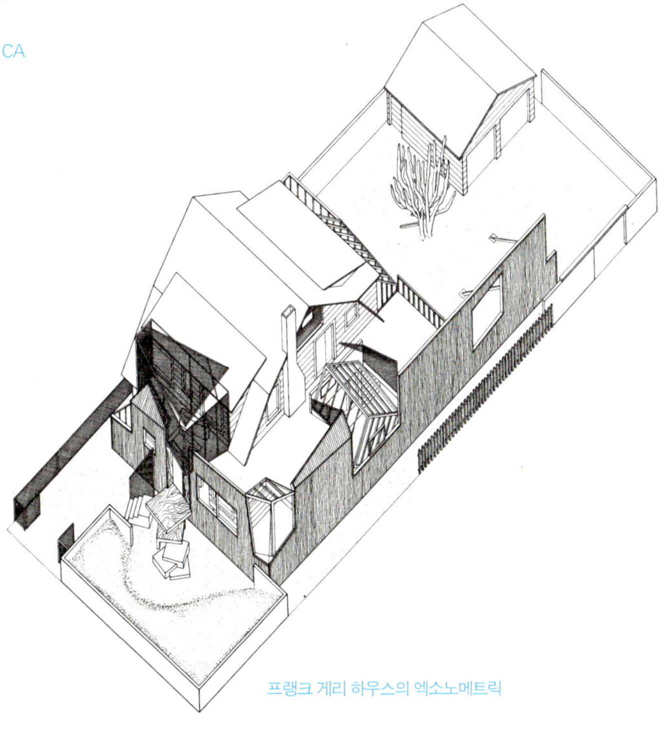

프랭크 게리 하우스의 엑소노메트릭

새로 추가된 외피의 함석판과 콘크리트 블럭 마감은 게리에게는 하나의 건축실험이었다.

식에 반항하는 울부짖음처럼 보여진다. 주택을 개조하면서 기존의 것을 찢어버리고, 해체하고 결국에는 새로 추가한 외피로 숨겨버리는 디자인 의도는 국제주의 양식의 종말을 선언하는 동시에 새로운 건축의 부상을 상징하는 의미가 숨어 있는지 모른다. 폭격으로 부서진 것처럼 보이고, 이리저리 수선한 피난집 같이 보인다. 값싼 함석판으로 주택 외부를 마감했는가 하면, 철망은 지붕 옆에 덕지덕지 붙어 있다. 파격 그 자체이다. 공중에 떠 있는 듯한 인상을 주며 동시에 조각적 역할을 하는 철망과 주택 내, 외부에 공통으로 사용한 합판은 전위적인 설치 미술품처럼 보여진다. 건물의 형태는 심히 비틀려 있다. 비틀어짐은 형태상 긴장감을 불러일으킨다.

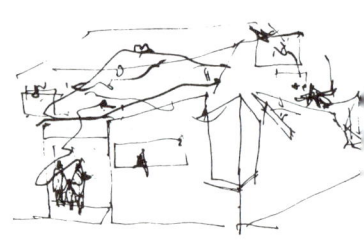

게리 하우스 식당 공간의 모서리 부분 스케치

이 주택은 본래 독일 풍의 지붕이 얹혀진 집이었다. 큰 박공지붕이 덮고 있고, 굴뚝은 주택의 외벽에 그대로 노출되어 있는 미국의 전형적인 주택이었다. 게리는 이 진부한 주택을 새롭게 탄생시킨 것이다. 그는 예술계에서 활동하는 친구들과 교류해오면서 건축을 조각이나 가구로 보기 시작했다. 목수들과도 함께 작업하면서 목수가 가지고 있는 한계에 도전하는 수공예 작업을 선보이기도 했다. 마감되지 않은 것처럼 보이는 목재 프레임은 골조 구조의 솔직함을 그대로 보여주고 있다.

게리의 주택은 평범함을 거부하고, 정해진 질서나 틀에서 벗어나고자 온갖 몸부림을 치고 있다. 게리 주택에서 보여지는 긴장, 부조화, 불균형, 진부함, 파격, 비틀림, 충돌, 해체 그리고 노출은 주위의 조용한 주택 단지에 항의하는 모습이다. 값싼 함석판과 목재 프레임이 보여주는 건축재료의 가능성은 게리의 새로운 시도이다. 물론 예산 안에서 최대한의 미적 가치를 충족시켰다는 의미도 있을 것이다. 특히 부지 모서리 부분에 돌출되어 있으면서, 보이드(void)된 공간처리는 날카롭기까지 하다. 식당 공간인 이 모서리 부분은 새로 개조한 공간과 기존 건물의 접합을 희석시키는 의도로 함석판과 보이드된 공간을 첨가한다.

주택의 안을 들여다보지는 못했지만, 재미 있을 거라는 생각이 들었다. 식당 공간 모서리 벽에서 빛이 시원하게 들어온다고 생각해보라. 얼마나 기분 좋은 파격인가? 방의 모서리는 항상 벽이 만나는 것만을 생각하는 우리가 아닌가. 또 주방이 있는 부분은 주택의 외관상 입방체가 하늘에서 떨어져 박혀 있는 모습이다. 회전하는 입방체 형태 같기도 하고, 기존의 주택 안에 새로운 형태가 삽입되어진 느낌도 든다. 이처럼 형태의 돌출이나 삽입으로 인한 예기치 않은 실내 공간은 우리가 가지고 있었던 기존의 공간 개념을 깨면서 새로운 체험을 하게끔 한다.

만약 게리가 이런 파격적인 건축과 실험을 샌프란시스코에서 시도했다면 이루어지지 않았을 것이다. 샌프란시스코에서는 시가 지정하는 건축 규정에 따라야만 한다. 시에서 정하는 특정한 건축양식과 색깔에 벗어나면 건축허가를 내주지 않는데, 이것은 시 전체가 비슷한 건축적 양식을 가짐으로 해서 통일성과 전체적인 아름다움을 주고자 하는 의도이다. 개개의 집이 가지고 있는 자유보다는 전체를 생각하는 샌프란시스코이기 때문이다. 하지만 로스앤젤레스는 전체보다 개인의 자유를 더 보장하는 도시이기 때문에 극단적이지 않은 이상 파격적인 주택도 허용하고 있다. 한마디로 내 땅에서는 내 마음대로 할 수 있다는 것이다. 우리 나라에서는 아마 동네 집값 떨어진다고 단체시위라도 했을 법한 파격적인 집이다. 혹시 게리의 이웃들도 은근히 싫어하고 있는 것은

하늘에서 떨어진 유리 큐빅이 주방에 박혀 있는 것처럼 보여진다. 주방 너머로는 기존 주택에 새로 덧붙인 나무 패널들이 보인다.

집의 모서리가 파격적으로 개방된 모습. 모서리 내부는 식당이 위치해 있다.

부유하는 철망들은 건축과 조각의 만남을 표현하고 있다.

솔리드 속의 보이드는 밤이 되면 그 빛을 더욱 발한다. 주방 부분 유리 박스 디테일

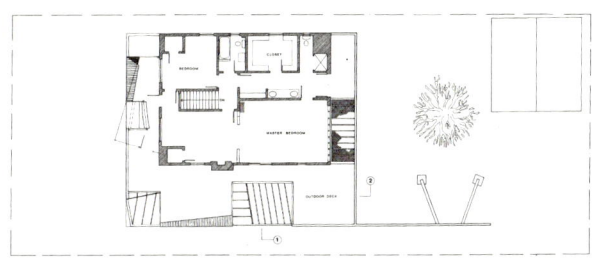

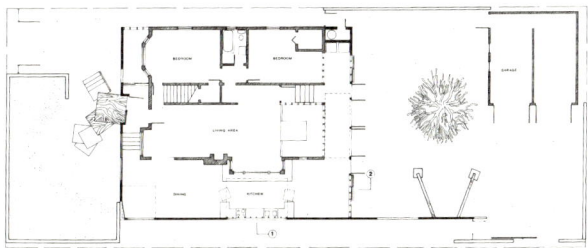

프랭크 게리 하우스의 평면도

아닐까?

　건축물을 볼 때 염두에 둘 것은 건축의 낮과 밤의 모습이 다르다는 점이다. 낮에는 진부하고, 재미없고, 차갑게 보이는 건물들이 있다. 특히 유리로 마감된 모더니즘류의 건물이 그런데, 낮의 진부한 모습과는 달리 밤에 보면 새로운 매력이 전해진다. 게리의 주택도 밤에 보면 더 멋있을 거라는 생각을 한다. 솔리드(solid)한 외부 마감재료 사이에 돌출한 유리 박스 공간을 밤에 본다면 어둠 속에 부유(浮遊)하는 빛의 상자 같은 모습이거나, 주택 내부에서 뻗어 나오는 빛의 확장 같은 모습일 것이다. 빛의 연출은 환상적인 이미지를 전하는 매개체이기도 하다. 낮과 밤의 이중적인 얼굴을 가지고 있는 게리의 주택은 외관상으로 징그럽게 보일지라도, 내부 공간은 흥미로운 부분들이 많다. 이것이 게리의 계획된 의도일까? 아니면, 창작 과정에서의 우연의 산물일까?

　미술을 기본 배경으로 건축을 시작한 게리는 평범한 건축을 거부하고 항상 시선을 주목시키는 건축을 하고 있다. 그는 자신의 주택에 그가 이제껏 꿈꾸어온 모든 것을 집약해놓았을 것이다. 그리고 게리는 이 집을 바탕으로 성공의 길을 가기 시작한다. 혹자는 이 주택이 해체주의 건축을 시도한 첫 작품이라고 하지만, 과연 게리는 해체주의를 알고 했을까 하는 의문을 해본다. 게리 자신은 어떤 이즘이나 건축경향에 얽매이기 싫어하는 자유로운 사람이다. 게리의 선천적인 예술의 끼와 천재적인 감각으로 건축을 할 뿐이다. 항상 새로운 것을 실험하는 게리의 건축 흐름을 볼 때, 나는 어떤 이즘이나 이론보다는 게리의 건축 작업 태도에서 기인한 것이라고 생각한다. 게리 주택은 앞으로 펼쳐질 게리 건축의 전주곡에 불과한 것을 당시 건축계에서는 알고 있었을까?

비행기가 박제된 캘리포니아 항공우주 박물관

로스앤젤레스에 가면 엑스포지션 공원에 꼭 들러보길 바란다. 로스앤젤레스 올림픽이 개최되었던 메인 스타디움이 있고, 장미정원이 있으며, 캘리포니아 과학센터, 자연사 미술관, 캘리포니아 주 흑인 미술관 그리고 게리의 항공우주 박물관이 있어 구경할 거리가 많은 곳이다. 1876년 농업공원으로 문을 열었던 엑스포지션 공원은 로스앤젤레스 시에서 시민을 위한 교육과 문화 및 레크레이션 센터로 발전시켰다. 1차 세계대전 전사자를 기리기 위해 로스앤젤레스 메모리얼 콜로세움 경기장을 1923년에 완공하였고, 1932년과 1984년에 걸쳐 두 차례의 올림픽 게임을 개최한 역사를 가지고 있다. 약 1만 6천 송이의 장미가 심어져있는 장미정원은 일반 시민들로부터 많은 사랑을 받는 곳이기도 하다. 장미정원 주위로 여러 미술관과 박물관이 소재해 있다. 그리고 엑스포지션 공원 바로 옆에 남가주 대학이 있어 대학 캠퍼스 구경도 같이 할 수 있는 지리적 이점이 있다.

이 공원에는 게리를 대표할 만한 건축 작품인 캘리포니아 주 항공우주 박물관이 장미정원을 바라보고 서 있다. 1984년에 완공한 이 박물관 역시 게리다운 건축적 재치와 감각을 보여주고 있다. 마치 거대한 조각예술품 같은 육중한 매스와 건물, 바로 옆으로 날아가고 있는 것 같은 비행기, 하늘에 떠 있는 커다란 공과 비행기가 곧 나올 것만 같은 커다

캘리포니아 항공우주 박물관의 초기 스케치

캘리포니아 항공우주 박물관 California Aerospace Museum, 1984, 로스앤젤레스.
장미정원에서 본 항공우주 박물관. 고전적인 병기고 건물 옆으로 육중하면서도 조각적으로 처리된 흰색 매스가 눈에 띈다. 700 State Drive, Los Angeles CA. 90037

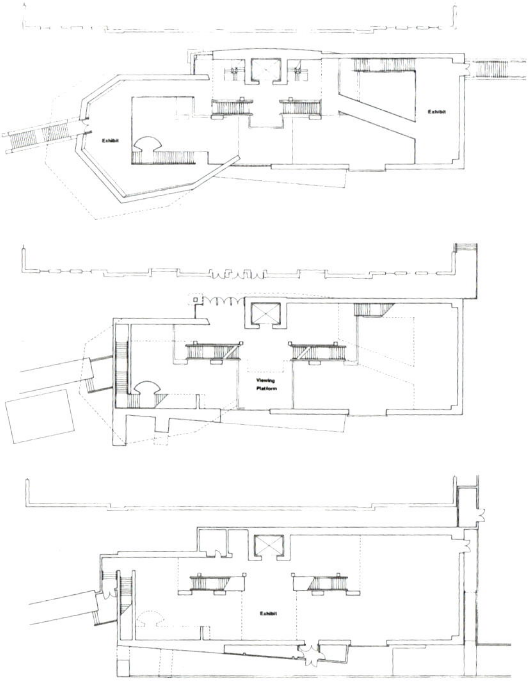

항공우주 박물관의 평면도

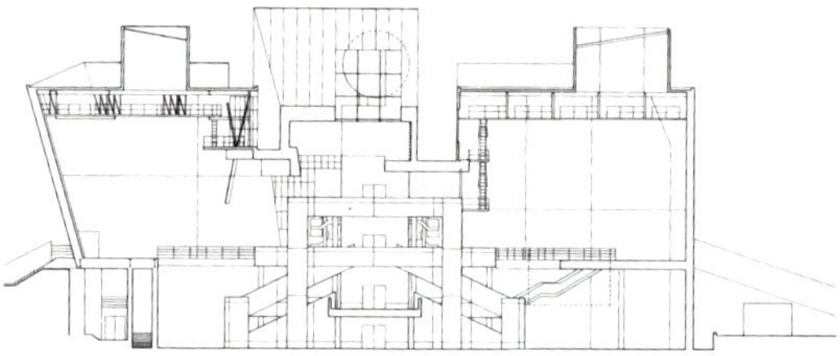

항공우주 박물관의 단면도

란 문 등 이 항공우주 박물관은 육중한 매스 덩어리로 구축된 여러 개의 조각품같다. 회벽칠의 육면체, 금속으로 덮인 다각형, 삼각형의 프리즘 그리고 구(求)들이 모여서 남부 캘리포니아의 주요 산업인 항공 산업을 상기시키고 있다.

엑스포지션 공원에서 시선을 고정시키고 놀라게 하는 것은 바로 비행기이다. 록히드 F-104 비행기가 12m 높이의 격납고 문 위에 박제되어 있는데, 이 풍경을 보는 사람들의 반응은 여러 가지이다. 건축에 장난했다는 사람, 재미 있다는 사람, 절대로 잊어버리지 않는 건물이라고 평하는 사람도 있고, 게리다운 건축적 실험이라고 말하는 사람도 있다. 비행기를 건물에 박제시켜 놓은 것은 마치 자연사 박물관에 동물을 박제해놓은 것과 똑같다. 비행기는 항공우주 박물관을 상징하는 확실한 오브제임에 틀림없으며, 너무나 직설적이자 유머스러운 건축적 아이디어이다.

박제된 록히드 F-104. 비행기도 건축의 한 파편으로 변신할 수 있다는 것을 보여준다.

← 의도적으로 기울게 한 다각형의 매스는 긴장과 강한 시각적 파워를 불러일으킨다.
→ 붉은색 벽돌의 역사적 건물과의 조화는 필수적인가? 아니면 극적인 대조로 긴장감을 유발하는 것이 적절한 의도인가?

건축주는 게리에게 항공우주 박물관의 상징성을 극대화시켜달라고 주문했다고 한다. 당시 건축예산이 부족했기 때문에 게리는 건축적으로 흥미 있는 건물을 만들어서 후원금을 좀더 마련해볼 생각이었다. 그는 기존의 붉은색 벽돌의 고전적인 병기고 건물 바로 옆에 육중한 조각적인 매스를 올려놓음으로 해서 주목을 가짐과 동시에 흥미를 불러일으키고 있다. 훗날 2단계 공사 때 기존의 병기고는 박물관으로 재건축되었다. 내부는 외부의 형태를 볼 수 있는 커다란 창과 공장 같은 천장이 있는, 비행기 격납고 같은 커다란 하나의 공간으로 디자인되었다. 조각적 예술로서 건축을 접근한 게리의 사고를 엿볼 수 있는 작품이다.

다각형의 매스는 미니멀리스트적 분위기를 보여주며 금속으로 덮여진 마감재료는 산업시대의 건축을 보여주고 있다. 항공우주산업은 산업시대를 대표할 만한 분야가 아닌가. 과장된 스케일과 회색톤의 금속마감재료 그리고 벽에 걸려 있는 비행기는 항공우주 박물관이라는 건물의 성격을 잘 나타내고 있다. 거대한 비행기, 비행기 표피를 둘러싸는 금속재료 그리고 그것을 직설적으로 보여주는 실제 비행기는 성공적이라 할 수 있다.

건축을 보는 데 있어, 보고자 하는 건축물의 이웃 건물을 고려하지 않을 수 없다. 흔히 유명작가일수록 고집이 세고, 이기적이며, 독단적인 경향이 많다. 작가가 가지고 있는 미적인 안목과 일반대중이 가지고 있는 미적 수준이 달라서 그럴까? 예술가와 대중간의 미적 안목의 차이는 존재할 수밖에 없다. 하지만 무엇이든지 과하면 불쾌함을 느끼는 것이 우리 인간이다.

순수예술이나 조각과는 달리 건축물은 실제로 세워지며 그 안에 사람들이 거주하게 되는 3차원적인 공간이다. 작가는 마치 자신의 작품을 잉태해 출산한 자식 같다고 말하지만, 그 안에 거주하는 사람에겐 실제로 삶의 부분이기 때문에 건축가는 자신의 작품성과 현실을 동시에 고려해야만 한다. 엑스포지션 공원에 있는 게리의 항공우주 박물관은 주위와의 관계를 고려하지 않은 독불장군처럼 보인다. 붉은색 벽돌의 기존 병기고와 보자르 양식으로 가득 찬 주위 건물에는 전혀 아랑곳 하지 않은 조각품을 세워 놓았다. 전체적으로 보면 항공우주 박물관은 성공적인 것 같다. 하지만 아쉬운 것은 인접해 있는 건물들과 조금 더 어울리려고 노력한 흔적을 찾기 어렵다는 것이다.

게리의 건물은 독창적이고 창의성이 뛰어나다. 하지만 그의 건물은 어디를 가나 홀로서기를 하고 있다. 한마디로 튀다 못해 홀로 모든 시선을 받으려는 것 같다. 광활한 자연 위에, 그것도 아무것도 없는 허허벌판 위에 그의 건물이 서 있다면 그의 조각적인 건축의 맛은 더욱 깊어지리라. 게리는 주체할 수 없는 건축적 끼와 예술적 광기를 가진 사람이 아닌가. 항공우주 박물관에서 그의 묵직한 조각적인 매스를 여러분은 느낄 수가 있을 것이다. 그리고 어린애같은 장난끼 섞인 박제된 비행기도 함께.

학사모를 쓴 로욜라 법과대학

　로스앤젤레스의 코리아타운이 있는 올림픽 블루버드(Olympic Boulevard)를 따라 다운타운 쪽으로 들어가면 왼쪽으로 노랑색 벽의 건물이 보이고 건물 밖으로는 계단들이 이쪽저쪽 방향으로 뒤엉켜 있는 것처럼 보이는 건물이 나온다. 이 건물이 바로 미국에서 이름난 법과대학인 로욜라 대학 로스앤젤레스 캠퍼스이다.

　대학 캠퍼스가 들어서기에는 다소 안전한 지역은 아니지만 슬럼가 근처에 있는 콜럼비아 대학이나 시카고 대학처럼 로욜라 대학도 비슷한 환경을 가지고 있다. 회색이 잘 어울릴 것 같은 로스앤젤레스 다운타운의 외곽에 위치해 있는 로욜라 법과대학 주위에는 작고 낮은 상업건물들이 늘어서 있다. 그리고 주변 도로에는 또다른 비슷비슷한 작고 낮은 건물들이 즐비하다. 이러한 주변에 민감하게 반응했던 원래의 법과대학 건물은 지루한 회색의 커다란 건물이었다. 다운타운에 위치한 가톨릭계 사립학교인 로욜라 법과대학측은 내부는 복합적이지만 주변 이웃들을 압도하지 않는 캠퍼스를 원했다.

　게리는 대학 캠퍼스 프로젝트를 위해 오랫동안 기다려왔다고 회고한다. 로욜라 법과대학측은 건축가를 선정하기 위해 여러 건축회사와 인터뷰를 했다. 뜻밖에도 대학측에서는 최종건축가로 게리를 선정했다. 그는 로욜라 측이 보수적인 가톨릭 재단이기 때문에 자신이 선정되리라고는 기대하지 않았다. 보수적인 대학측에서 진보적이고 실험적인 게리를 선정했다니 신기한 일이 아닌가.

　게리는 아크로폴리스나 로마의회와 같은 개념의 진정한 캠퍼스를 생각하고 있었는데, 이러한 생각이 대학측과 잘 맞아 떨어진 것이다. 그는 자신이 꿈꾸는 캠퍼스 개념을 달성하기 위해 교수진 및 학교 당국과 긴밀히 협조하였다.

　시민에게 만족스러운 도시공간인 작은 광장은 3개의 큰 건물과 4

게리의 대표적인 작품인 로욜라 법과대학 로스앤젤레스 캠퍼스 전경. 격자로 뚫린 노랑색 벽면이 인상적이다.

 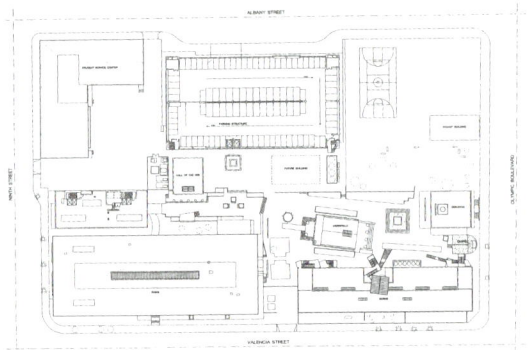

로욜라 법과대학의 초기 스케치와 배치도

캠퍼스 광장을 중심으로 녹지와 건물이 잘 어우러져 있다.

메리필드 홀 앞에 서 있는 콘크리트 기둥은 대학을 상징하는 서양 전통건축의 열주들을 현대적으로 추상화시켜 놓았다.

개의 작은 건물 그리고 정리된 녹색공간들과 나무들로 이루어져 있다. 캠퍼스 안전상 외부와 격리시키는 건축적 해결을 원하는 건축주의 의견을 충족시키기 위해서 게리는 캠퍼스 주위로 벽을 세우지만 건물의 매스만큼은 절제하고 있다. 캠퍼스 밖에서 보는 로욜라 대학은 보는 사람으로 하여금 호기심을 자극시킬 만큼 다양한 매스로 구성되어 있다. 밝은 노란 색깔로 처리된 기다란 벽면과 그 지루함을 참지 못해서 튀어나온 지그재그 계단은 가벼운 재미를 더해준다.

캠퍼스 가운데에 위치해 있는, 신전처럼 보이는 메리필드 홀(Merrifield Hall)은 박공지붕과 상징적으로 서 있는 기둥들을 가지고 있다. 전통적인 기둥을 현대적으로 깔끔하게 추상화시킨 노력이 엿보인다. 전통을 그대로 재현하면 그것은 건축이 아니라 복제이다. 서구의 전통적인 대학 캠퍼스의 건축은 그리스 신전을 상징하듯이 큰 기둥을 건물 정면에 주로 장식한다. 바로 대학의 학문적 권위를 상징화하기 위해 웅장한 건축양식과 큰 열주를 심은 것이다. 특히 대학본부건물은 대학

도노반 홀 입구에 서 있는 이 기둥과 유리 박스는 아크로폴리스의 기둥과 대학의 종탑을 현대적으로 표현하고 있다.

의 얼굴이기에 웅장하며, 화려하고, 대칭적이다. 반듯반듯하게 질서를 가지고 있는 캠퍼스 건물들은 바로 학문의 질서 있는 논리체계를 재현하는 것 같다.

메리필드 홀과 마주보고 서 있는 도노반 홀(Donovan Hall)은 두 개 층의 기둥에 상인방이 올려져 있는 입면 형태를 가지고 있으며, 도노반 홀에서의 기둥은 함석판으로 둘러싸여져 있다. 이 역시 전통적인 서구 건축의 기둥을 현대적으로 추상화시켜 놓았다. 시대가 변하였고 건축이 변하였으므로 게리는 그만의 해결책을 선보이고 있는 것이다.

그리고 도노반 홀 바로 옆에 있는 학교 채플(Chapel)에는 단순화된 로마 양식의 종탑이 올려져 있다. 유리로 처리된 종탑은 매리피드 홀과 같은 축선 상에 놓여 있어 캠퍼스를 가로지른다. 채플의 종탑과 법정건물 앞에 있는 과장된 기둥들은 고전적 기념비의 의미를 모방하기보다는 현대적으로 번안하여 발전시키려는 의도로 보여진다. 하지만 도노

프리츠 번즈 건물은 포함한 캠퍼스 전체 스케치

프리츠 번즈 건물 정면 스케치

반 홀의 수직형 기둥의 인방들과 종탑의 수직적 요소가 나란히 병행하고 있어 흔히 대학의 시계탑 같은 랜드마크적인 역할을 하지 못하고 있다. 거기에 메리필드 홀 앞의 4개의 기둥도 수직적인 요소이다보니 캠퍼스가 다소 산만한 분위기를 연출하고 있다.

프리츠 번즈 건물(Fritz B. Burns Building)은 캠퍼스의 중앙부 건물로 젊고 역동적이다. 반듯한 네모난 창이 있는 노랑색 입면은 매우 전통적이자 보수적인 성향을 나타내고 있다. 대학의 학문적 정통성의 위엄을 틀이 맞추어진 네모나고 연속된 창문으로 표현하고 있다. 하지만 재미있는 것은 전통적인 분위기로 갈 것 같은 건물 중앙에는 현관이 자리잡은 것이 아니라 계단이 자리잡고 있다. 조각처럼 여기저기로 튀어나온 비틀린 계단이 있고, 그 위에는 커다란 온실이 덮여 있다. 일반적으로 계단은 건물의 구석에 가려져 있지만 게리는 그 계단을 건물 중앙으로 불러들여 조각처럼 재구성하였다. 비스듬히 보이는 계단들은 보는 사람들로 하여금 계단을 타고 위로 올라가고 싶은 충동이 생기게끔 만든다. 계단도 건축가가 어떻게 사용하느냐에 따라 그 반응이 사뭇 달라보이게 된다.

대학에서 제일 중요한 건물이 있다면 바로 도서관이다. 도서관과 대학본부 건물은 항상 캠퍼스 중앙에 위치한 것이 바로 그 이유 때문이다. 지성의 본당인 대학에서의 도서관은 바로 대학의 학문적 역량을 담는 곳이다. 기존건물과 연결된 새 도서관 건물은 마치 학사모를 쓰고 있는 대학생의 얼굴처럼 위엄 있어 보인다. 도서관 가는 길의 오른편에 나란히 서 있는 열주들과 건물 정면에 나와 있는 지붕장식은 도서관의 권위와 위엄을 상징하고 있다. 그러면서도 밝은 색깔과 함석판 마감재료 사용은 마치 진보된 보수나 안정된 개혁을 외치는 것처럼 젊음과 도전을 보여주고 있다.

프리츠 번즈 건물 중앙에 위치한 계단은 건축의 기능과 미적 의도를 추가시켜 조각적으로 재구성하였다.

전체적으로 캠퍼스를 보면 차분하면서도 역동성이 잠재되어 있다는 느낌이 강하다. 대학이라는 보수적인 학문적 정통성이라는 큰 틀에서 자율성과 다양성을 추구하는 것처럼 안정되어 있으면서도 역동적 변화를 느낄 수 있다. 게리는 캠퍼스의 외부공간을 살아 있는 공간으로 만들었다. 학생회관, 라운지, 식당 그리고 서점들은 광장을 향하고 있고, 이 광장은 노랑색 얼굴을 가진 프리츠 번즈 건물의 1층과 연결되어 있다. 광장 주위에 있는 오밀조밀한 공간과 기둥이 서 있는 계단에서는 학생들의 열린 토론이 일어날 것 같은 분위기이다.

대학 캠퍼스를 구경하기 위해서는 주차장 입구로 들어가야 한다. 학생들과 교수진들은 올림픽 블루버드 상에 있는 주 출입구로만 출입할 수 있고, 또 반드시 안전열쇠를 가지고 있어야만 한다. 이것은 주변으로부터 있을 수 있는 위험한 일들을 방지하기 위한 것이다. 이러한 상

↑ 함석판으로 마감된 학사모 같은 건물의 머리 부분 디테일

← 학사모를 쓴 건물의 얼굴은 전통적인 도서관의 위엄을 드러내고 있다.

← 주차장 전경. 캠퍼스의 중앙건물은 프리츠 번즈 건물의 입면과 대응하는 개념으로 처리된 주차장이다.
↑ 주차장 건물의 디테일. 함석판으로 처리된 건물의 표피 뒤로 노출된 콘크리트 블럭이 보인다.

황은 사막 같고 위험한 도심환경에서 캠퍼스를 오아시스처럼 느껴지게 한다.

게리가 주차장의 입면을 시각적으로 처리하여 환경을 순화시키는 작업은 이 캠퍼스에서도 엿볼 수 있다. 노랑색의 긴 프리츠 번즈 건물과 마주보고 있는 주차장 건물은 똑같이 생긴 네모난 창문 없는 창을 가지고 있다. 서로 대화라도 하는 것처럼 주차장 건물의 얼굴은 프리츠 번즈 건물과 대조적으로 함석판으로 마감되어 있다. 그가 이 캠퍼스에서 사용한 주재료 중 하나이다. 캠퍼스 광장에서 주차장 건물이 바로 보이기 때문에 주차장처럼 보이지 않기 위해 이러한 함석 얼굴을 씌운 것으로 보여진다.

1980년대의 게리의 대표작 중 하나인 로욜라 대학은 우리에게 고전이라는 의미를 새롭게 보여주고 있다. 서구의 대학 캠퍼스가 고전 양식을 즐겨 쓰면서 대학의 권위를 보여주는 것은 흔히 있는 일이다. 박공 지붕에 붉은색 벽돌 그리고 대리석으로 마감된 대학본부와 종탑 등은 미국의 어느 대학 캠퍼스에 가도 볼 수 있는 건축이다. 하지만 게리는 그 전통적인 고전적 요소를 시대에 맞게 변화시켜 새롭게 정립하고 있다. 시대가 바뀌었고 건축기술과 재료가 변하였듯이 고전의 근원적인 의미는 살리되 그 결과물은 시대를 반영해야 하는 것이다. 전통적인 대학의 열주가 장식 하나 없는 추상화된 노출 콘크리트 기둥으로 서 있는가 하면 값싼 함석판으로 그 열주들을 마감하여 건축가의 예술성을 표현하는 것은 의미 있는 일이다. 전통의 바탕 위에 도전과 새로움을 심어주기 위해 그가 사용한 중앙건물의 계단은 파격적이면서 동시에 건축의 조형미를 상징적으로 전달해주고 있다. 대칭 위의 파격은 마치 오랫동안 물이 고여 있으면 썩기 때문에 대학은 항상 깨어 있어야 하고 진보해야만 한다는 게리의 외침을 건축적으로 보여주고 있는 것 같다.

프랭크 게리는 전통적인 대학 캠퍼스의 언어를 상징적으로 재현하고 있다. 노출된 콘크리트 기둥은 기둥의 본질을 과감히 드러낸다.

차 없는 거리엔 사람이 많다_ 산타모니카 플레이스

　자동차가 세상을 온통 뒤덮고 있다. 아침저녁으로 거리에는 차들뿐이다. 마치 기다란 이무기들이 늘어져 있는 것처럼 도로는 그렇게 도시를 기어 다닌다. 우리의 길을 자동차를 위해 넘겨주었을 때 우리의 삶은 건조해지고 황폐해지기 시작했다. 골목길 구석구석 자동차가 없는 곳이 없다. 차가 주인이 된 세상이다.

　현대 사회에서의 공공 공간(Public Space)은 디즈니랜드 같은 놀이시설과 유흥시설, 미술관 그리고 쇼핑을 위한 백화점으로 대체되면서 점차 사라져 가고 있다. 그래서 현대의 공공 공간은 돈으로 통제된 공간이기도 하다. 하지만 아직도 우리 도시엔 소중한 공간들이 존재한다. 대학로 같은 도심의 공공 공간은 자동차로부터 분리된 인간을 위한 공간이다. 뉴욕의 센트럴 파크 역시 현대 문명과 격리되어 자연과 인간의 유기적인 대화의 공간으로 사랑받고 있다. 인간은 때로 문명으로부터 이탈해 자연의 한 부분으로 돌아가고 싶은 마음이 있다.

자동차로부터 분리된 도심의 공간은 만남의 장소이자 대화의 공간이다. 산타모니카의 차 없는 거리의 모습.

프랭크 게리
현대 건축의 대부

대부분의 미국 도시의 공공 공간은 쇼핑몰이 대변해주고 있다. 소비는 현대문화의 중요한 키워드이다. 로스앤젤레스 비벌리 힐스에 있는 로데오 거리가 상류층을 위한 공공 공간이라면, 산타모니카의 차 없는 거리는 중산층을 위한 쇼핑 공간이자 사람들이 만나는 곳이다. 태평양을 바라보는 산타모니카 해변과 인접해 있는 이 공간에는 사람들의 다양한 이벤트가 펼쳐진다. 그림을 그리는 사람이 있고, 피아노를 연주하는 사람, 곡예를 펼치는 사람, 풍선을 만들며 어린아이들을 즐겁게 해주는 사람, 노래를 부르는 사람 그리고 구경하며 박수치는 사람들로 가득 차 있다. 차 없는 거리 주위에는 쇼핑몰이 있어 사람들의 소비를 자극한다.

게리의 산타모니카 플레이스는 차 없는 보행자 거리의 시작과 끝이며, 산타모니카의 중심적인 공간의 역할을 하고 있다. 1972년과 1973년의 최초의 계획에서 이 부지는 호텔과 주거의 복합공간으로 설계되었다. 그러나 이후의 고객과의 협의과정에서 쇼핑몰로 단순화되었다. 두 개의 커다란 백화점이 대각선상의 양끝에 자리잡았다. 그리고 게리

차 없는 거리엔 녹지와 분수가 잘 어우러져 걷기에 너무나 좋다. 이 거리에선 산타모니카 플레이스가 중심적 역할을 한다.

에 의해 설계된, 6층의 두 주차건물이 나머지 다른 대각선 양끝에 자리 잡았다. 비록 두 백화점은 백화점 소속 건축가들이 설계했지만, 건축가와 개발업자들의 통제 하에 있는 이러한 지역들은 주변의 스케일과 참여기회에 반응하며 설계되었다.

　북쪽의 주차건물은 길 건너편의 오래되고 작은 건물들을 조롱하듯이 과장된 격자무늬를 보여준다. 서쪽으로는 바다조망을 위한 커다란 외부 테라스와 계단들이 회벽 마감의 프레임 속에 있다. 다른 주차건물의 서쪽 입면은 철망을 파도 모양으로 엮은 울타리에 하얀 콘크리트 패널을 붙인 스크린으로 되어 있다. 동쪽 출입구는 여러 가지의 문과 프레임으로 되어 있는데, 이러한 기하학적 충돌들은 몰 내부의 대각선의 공간계획을 암시한다. 그러나 가장 눈에 띄는 표지는 자동차로의 주요 접근로인 남쪽 주차장 건물의 남쪽 입면이다. 파란 철망을 파도 모양으로 엮은 울타리에 하얀 철망을 커다란 글자로 만들어 붙인 표지가 바로 그 것이다.

➜ 쇼핑몰 내부. 노랑색과 빨강색의 강렬한 대조가 눈에 띈다.

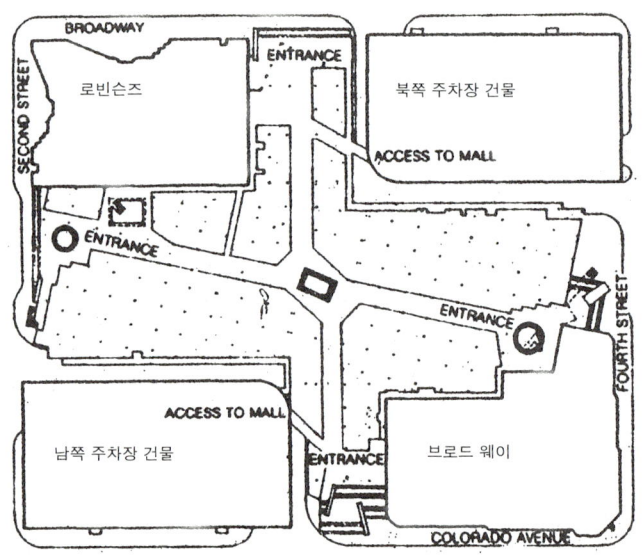

산타모니카 플레이스 배치도

쇼핑몰 서쪽 부분의 바다조망을 위한 커다란 외부 테라스 전경

쇼핑몰 내부로 들어오면 밝고 강렬한 색깔 그리고 대각선으로 가로지르는 다리는 역동적이고 활기찬 소비 공간을 보여주고 있다. 천장에는 스카이 라이트를 설치하여 자연광이 쇼핑몰 1층까지 내려오고 있다. 내부 마감재료나 분위기로 보아 대중적인 쇼핑몰임을 금방 알 수 있다. 쇼핑몰 중앙 부분에는 야자수가 있는 분수공간이 있어서 기분을 시원하게 해주고 있다.

게리는 산타모니카 플레이스를 지역공동체, 상점주인들, 디벨롭퍼 그리고 건축가들 사이의 상호협조로 보았다. 이러한 상호협조에서 건축가의 역할은 주변 공동체의 조건에 대한 건축적 반응과 개개의 상점들이 각자의 개성을 결정할 수 있도록 전체구성을 발전시키는 것이다. 하지만 그가 꿈꾸던 쇼핑몰이라는 개념과 건축주인 디벨롭퍼가 생각했던 것과의 차이로 마찰이 있었다고 고백한다.

쇼핑몰은 우리를 재미없는 일상에서 탈출시켜주는 환타지 공간이다. 깨끗하고 화려한 인테리어, 고급스러운 분위기와 특별한 경험을 즐기게 해주는, 현실과 격리된 환타지 공간은 우리로 하여금 현실을 잠시 잊도록 도와준다. 고급 백화점을 가면 자신이 상류층이라도 된 것 같은 착각, 명품을 사면 마치 내가 부자가 된 듯한 기분에 빠지는, 소비를 통해 자신을 규정짓고 정체성을 확인하려는 심리가 팽배한 쇼핑 공간에 진입하는 순간 진부한 일상으로부터 벗어나는 것 같다. 디벨롭퍼는 바로 이 쇼핑몰을 환타지 공간으로 만들고자 하였고, 게리는 쇼핑이라는 소비행위를 현실과 직접 연결시켜보려고 노력하였다. 게리는 쇼핑도 현실의 한부분이라는 것을 보여주고자 했지만, 인간은 환타지 같은 쇼핑을 좋아하는 것을 어떻게 하겠는가? 이것 또한 현실인 것을.

⬆ 크리스마스 시즌이면 쇼핑몰은 모든 것을 상품화시켜 환타지 공간으로 변신한다.
➡ 역동적으로 가르지르는 대각선 다리 위로 빛이 떨어지고 있다.

주차장 건물에 대한 게리의 생각

산타모니카 플레이스는 게리의 다른 작품들과 달리 별 특징이 없다. 대각선으로 가로지르는 다리와 가볍게 처리된 천장, 스카이 라이트 그리고 구조체의 노출과 가벽들은 흔히 볼 수 있는 현대 건축의 일반적인 수법들이다. 하지만 산타모니카 플레이스에서 게리만의 독특한 아이디어를 찾아본다면 주차장 건물의 입면처리이다.

주차장은 현대 사회에서 필수적으로 요구되는 공간이다. 어디를 가나 주차문제 때문에 골치가 아플 정도이다. 주차가 해결되어야 장사도 되고 모든 것이 조용해진다. 주차장처럼 못생긴 얼굴도 없다. 우리 나라는 땅이 좁은 관계로 대부분의 주차장은 지하로 들어가 있거나 아니면 주차 타워로 올라가 있다. 미국에서는 도심환경의 미적 고려 때문에 주차 타워의 얼굴은 형형색색으로 칠해지거나 디자인된 그래픽으로 처리되어 있다. 기능이 단순하니 건물 또한 재미 있을리 없다. 뉴욕이나 시카고 같은 대도시를 제외하곤 대부분 도시의 주차장은 볼품 사납게 서 있다. 미국에 처음 오는 분들은 도심에 버젓이 서 있는 밋밋하고 지루하기 짝이 없는 주차장 건물을 보고 의아해하는 사람이 많다. 한마디로 보기 싫은 건물들이다.

다른 건물들은 건축문화를 따져가며 모양새 있게 만들면서 주차장

텍사스 주 달라스에 소재한 노드스톰 쇼핑몰 주차장. 밋밋하고 지루함을 너머 징그럽기까지 한 주차장은 도심의 시각적 공해를 일으킨다.

건물은 저렇게 만드는지 모르겠다 라고 의아해 할 수 있다. 필자가 생각하는 미국의 주차장 건축문화는 이렇다. 미국인들은 매우 실용적이다. 그래서 바깥에 보이는 것에는 신경을 쓰지만 보이지 않는 것은 값싸게 만든다. 어느 건물을 가나 화재발생시 사용하게 되는 비상계단이 있다. 미국의 비상계단은 벽에 페인트도 칠하지 않은 벽돌이나 콘크리트로 마감되어 있다. 굳이 그런 곳에 돈을 쓰고 싶지 않다는 것이다. 우리 나라의 사무실 건물의 비상계단은 그래도 페인트를 칠해놓았지만 미국인들은 그렇지 않다.

세계적인 건축가 이오밍 페이(I.M. Pei)가 설계한 달라스 심포니 홀을 구경한 적이 있었다. 로비며 심포니 홀 내부 구석구석을 비싼 대리석으로 화려하게 장식한 건물인데, 일반인이 들어가지 않는다는 것 때문에 연주자 대기공간이나 연습실의 후면공간을 너무나 조잡하고 값싸게 마감한 것을 보고 놀라지 않을 수 없었다. 기본적인 페인트로 마감된 벽도 아니고 콘크리트 벽돌을 그대로 노출시키고 천장은 온갖 전기배선과 설비 라인이 덕지덕지 노출되어 있었다. 너무 심하다 할 정도로 엉망인 후면, 하지만 보이는 곳은 너무나 화려하게 꾸며놓은 모습이 바로 미

⬇ 심포니 홀의 화려한 내부와 그 화려함 뒤에 있는 스탭들의 공간. 달라스 메이어슨 심포니 센터.

➡ 이오밍 페이가 설계한 달라스 메이어슨 심포니 센터 Dallas Meyerson Symphony Center, 1989, 달라스, 텍사스

산타모니카 플레이스의 주차장. 건물외피를 씌어 철망으로 색다른 느낌을 준다. SANTA MONICA PLACE를 읽을 수 있다.

산타모니카에 있는 디자인된 주차장 모습은 주차장처럼 보이지 않는다.

↑ 주차장 얼굴을 자세히 보면 촘촘히 얽혀진 영어 글씨가 보인다.

국 건축물의 특징이라면 특징이다. 안 보이는 곳에 왜 돈을 써야 하는지 오히려 미국인들이 물을 정도이다.

주차장 건물도 그렇다. 안 보이는 부분을 싸구려로 처리해도 좋지만, 세상 바깥으로 보이는 부분은 시각적인 처리가 요구되어야 한다고 생각한다. 비록 주차장이지만 주차장의 노골적인 입면을 그대로 보여주기 보다는 최소한의 노력으로 주차장 입면을 조금이나마 정화시켜보자는 것이다. 아무리 건물이 건축주의 것이라지만 매일매일 지나가며 쳐다볼 수밖에 없는 다른 사람의 입장도 고려해주어야 하지 않겠는가?

게리의 산타모니카 플레이스의 주차장은 하나의 사인판으로 다시 태어났다. 아마 일반적인 주차장처럼 처리했더라면 끔찍한 괴물덩어리가 되었으리라. 1980년대 당시 게리가 즐겨 사용했던 값싼 재료인 철망으로 주차장 얼굴을 덮고 그 위에 영어로 'SANTA MONICA PLACE'를 다시 촘촘하게 새겨놓았다. 건물 남쪽 진입부에서 보면 한눈에 주차장이 다 들어오는데, 주차장의 입면보다는 영어 사인이 쉽게 들어온다. 철망이라는 재료가 일반적인 건축재료가 아님에도 불구하고 캘리포니아 지역의 기후와 특성 때문에 독특한 맛을 보여준다. 이 주차장 건물에서 우리는 게리가 공공 공간에 대한 건축적 자세를 읽을 수 있다. 특히 대형 주차장 건물일수록 시각적인 점유공간이 커질 수밖에 없는 만큼 최소한의 시각적인 장치와 배려가 필요하다고 보았던 것이다.

도시의 미적 경관은 건물 하나만으로 이루어지지 않는다. 도시의 아름다움은 거주하는 사람들에게 심리적인 안정과 즐거움을 주고, 또 경제적인 효과를 내는 데도 중요한 역할을 한다. 주차장 건물은 도시의 경관을 결정짓는 데 중요한 건물이다. 기능적으로는 차를 주차시키는 공간이지만 그 건물이 공공에 내비칠 때는 시각적인 중요성을 가지는 건물이다. 게리의 몇몇 건물에서 보여지는 주차장 얼굴처리는 우리가 배워야 할 점이다.

건축은 조각이 되어 하늘을 날고_ 에지마 쇼핑 센터

도심에서 이웃집과 어울려 산다는 것은 쉬운 일이 아니다. 자신의 문제도 돌보기 어려운 형편에 남까지 신경쓰며 사는 것이 현대인으로서 가능한 일인가? 건축은 또 어떠한가? 자기 집만 그저 잘나게 만들어서 부동산 가격이나 올려 챙겨보려는 속셈은 앞설망정 이웃집까지 생각하며 건축하기란 어려운 일이다.

건축가가 도심 안에 건축하면서 고민하는 것 역시 이웃과의 관계에서 오는 '어번 콘텍스트(Urban Context)'이다. 나만 뽐내고 살자니 이웃과 어울리지 않고, 이웃과 어울려보고 하자니 자신의 건축이 죽어버리는 상황이 참 많다. 에지마 센터에서 보여지는 게리의 건축적 해결은 이웃을 배려하는 마음이 깔려 있다. 이웃집과의 간격을 유지하기 위해 76m나 되는 긴 대지를 5개의 작은 구조물이나 건물로 분려시켜 놓았다. 가로변에 면한 건물은 1층이고 그 뒤에 있는 건물이 2층 높이로 물러서 앉게 한 것 역시 도심의 스케일을 고려한 게리의 디자인 의도이다.

중앙 부분에 위치한 아르데코 양식의 건물을 중심으로 양쪽에 에지마 센터로 들어가는 출구가 있다. 곡선 형태의 매스가 가로에서부터 에지마 센터로 보행자를 자연스럽게 건물 안마당으로 인도한다. 에지

에지마 쇼핑 센터 전경. 프랭크 게리가 의도한 건축의 조각화를 엿볼 수 있다. 1988, 로스앤젤레스 산타모니카. 2435 Main Street Santa Monica CA. 90405

거리와 면한 곡선 형태의 매스가 자연스럽게 보행자를 쇼핑 센터 안으로 유도한다.

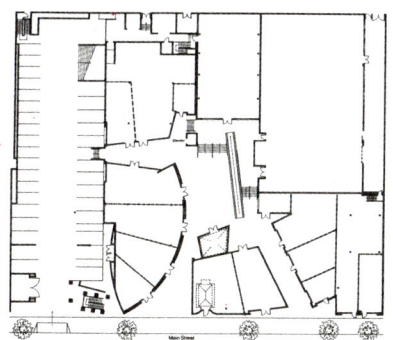

에지마 센터의 배치도

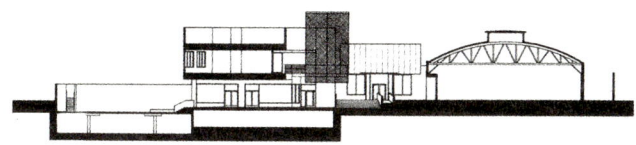

에지마 센터의 단면도

마 센터의 안마당에는 식당, 서점, 갤러리, 선물가게 등이 있는데, 안으로 들어가면서 눈에 들어오는 것이 철망으로 둘러싸인 타워이다.

    이 쇼핑 센터에서 게리만의 특색은 수직적인 구조물들의 설계와 엘리베이터 타워 안에서 보는 풍경이다. 거리에서 보여지는 함석판 마감의 수직적 구조물은 건물이 조각으로 변한 모습이다. 왼쪽 입구에 2층 사무실로 연결되는 외부계단을 감싸는 함석판 구조물은 에지마 센

쇼핑 센터 안마당에 있는 엘리베이터 타워. 노출 콘크리트로 처리된 타워와 철망이 덧씌워진 모습이 독특하다.

↑ 엘리베이터 타워 안에서 바라본 바깥풍경은 익숙한 풍경의 낯설음이다.
→ 빛의 상자와 오픈된 철골구조의 박스는 쇼핑 센터의 수직적 요소들의 균형을 잡아준다.

터의 사인보드 역할을 함과 동시에 조각적인 건축적 해결이다. 강철 프레임으로 비정형 육면체형태를 건물 위에 올려놓았다.

　노출구조로 올라간 비정형 육면체 구조물은 마치 설치예술을 해놓은 것 같은 분위기를 보여준다. 동시에 노출 콘크리트로 마감된 엘리베이터 타워와 대화라도 하는 것처럼 서로가 마주보고 있다. 엘리베이터 타워와 철골구조는 갤러리 천장을 높게 하여 만든 스카이 라이트 박스와 삼각형을 이루며 조형적인 균형감을 보여주고 있다. 엘리베이터를 타고 2층으로 올라가서 내리자마자 바깥으로 보이는 풍경은 수많은 철망 격자로 나누어져 보인다. 프레임 안에 갇힌 느낌이다.

　게리다운 건축적 처리이다. 어느 누가 철망을 엘리베이터 타워 바깥에 주렁주렁 걸어놓을 생각을 했겠는가? 게리의 엘리베이터 타워는 단순히 기능적 박스로 남아 있는 것이 아닌 하나의 설치예술품으로 서 있다. 단순한 기능덩어리를 조각품으로 바꾸어놓은 것이다. 비록 타워 안에서 철망 사이로 보는 바깥세상은 그리 아름다운 것은 아니지만 지루한 일상에서 색다른 시각적 풍경을 제공하는 그다운 실험이다. 조각이 건축이 되고, 건축은 조각이 되어 하늘을 나는 풍경이다.

망원경, 세상 밖으로 나오다_ 치앳-데이 모조 오피스

이 건물을 책에서 보는 사람은 아마 이런 건물이 실제로 서 있다는 것을 믿지 못할 것이다. 건물만한 높이의 거대한 망원경이 거리에 버젓이 서 있으니 말이다. 망원경을 만드는 회사여서 저렇게 망원경을 건물 사이에 세워놓았으려니 하고 생각할 것이다. 그렇지 않고서야 어떻게 집채만한 망원경을 건물의 얼굴로 화장시켜 놓았겠는가. 망원경 그 자체만으로 신선한 파격이자 충격이다. 이 건물을 한번 본 사람은 결코 이 신선한 기억을 자신의 머리에서 지울 수 없을 것이다.

이 건물의 주인은 망원경을 만드는 회사가 아니다. 치앳-데이 모조(Chiat Day Mojo office)라는, 이름도 특이한 이 회사는 나이키 광고, 애플 컴퓨터 광고를 만들었던 유명한 광고전문회사이다. 이 회사는 광고계에서도 창의성이 뛰어난 것으로 정평이 나 있는데다 자부심 또한 강해서인지 건물 또한 남들과 전혀 다르게 만들어 놓았다. 건축주가 게리에게 주문하기를 건물이 예술적이어야 하고, 그 안에서 일하는 스탭들이 자부심을 가지고 일할 수 있는 건축적 환경을 만들어 달라는 것이었다. 이에 예술적으로 천부적인 끼를 타고난 게리는 신선한 방법으로 건축주의 요구사항을 해결하고 있다.

이 건물은 태평양 해안을 따라 소재한 베니스에 위치해 있는데, 산타모니카 바로 옆 동네이자 예술인들이 많이 거주하고 있는 곳이다. 로스앤젤레스에서도 특이한 곳으로 불려지는 베니스인 만큼 문화적 포용력이 충분히 내재된 곳이기도 하며, 무엇보다도 건축가의 아이디어를 과감하게 수용한 건축주의 문화적 안목이 돋보이는 곳이다. 진부하기

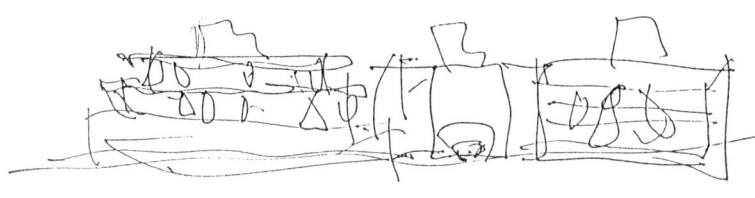

치앳-데이 모조 오피스의 스케치

치앳-데이 모조 오피스Chiat Day Mojo office 전경. 1986, 베니스. 건물 측면에 시가를 물고 있는 프랭크 게리의 포스터가 걸려있다. 340 South Main Street Venice CA. 90291

롤러 블레이드로 유명한 캘리포니아의 베니스 해변가. 예술가들이 많이 살며, 독특한 분위기를 가진 곳으로도 유명하다.

짝이 없는 도시경관에서 이 거대한 망원경은 얼마나 신선하고 또 시각적으로 즐거운 것인가를 느낄 수 있다. 조각예술품을 거리에서 직접 만나는 즐거움 말이다.

1984년에 이미 게리와 그의 친구인 예술가 클래스 올덴버그(Claes Oldenburg)가 베니스 극장도서관을 위해 제안했던 거대한 망원경을 베니스에 다시 실현한 것이다. 망원경을 세운 것에 대한 특별한 이유를 안다면 조금 실망할지도 모른다. 게리는 1984년에 이미 망원경에 대한 제안을 구체적으로 계획했던 경험도 있었을 뿐만 아니라 그 작은 망원경 모형이 게리의 책상 위에 항상 놓여 있었는데, 어느날 그 망원경 모형을 치앳-데이 모조 건물 중앙에 필요한 조각적인 오브제로 사용하면 좋을 것이라는 순간적인 충동이 일어난 것이다.

건물의 특징을 결정짓는 중앙 부분에 조각적인 오브제가 필요하다고 생각했던 게리에게 망원경은 일종의 예술적 충동이자 건축적 호기심이었다. 바로 'Why not?' 정신이 아닐까? 건물의 중앙은 사람으로 치자면 얼굴이다. 건물의 얼굴은 곧 회사의 이미지요, 상징이자 품격이

↑ 도시에 선 망원경. 한번 보면 결코 잊을 수 없는 풍경이다.

↓ 클레스 올덴버그의 베니스 극장도서관 제안 스케치, 1984. Design for Theater Library for Venice in the Form of Binoculars

다. 그래서 많은 사람들이 건물 현관 부분에 비싼 건축자재를 사용하고 화려하고 웅장하게 만드는 이유가 여기에 있다. 하지만 여러분이 매일 만나는 모든 건물의 현관이 같은 건물의 나머지 부분과 얼마나 다르다는 것을 알고 있는가? 건물의 얼굴격인 정면은 곱게 화장한 새색시 같지만 건물의 뒷면은 선머슴아 등짝같이 밋밋한 것을 쉽게 알 수 있다.

베니스의 중심가에 위치한 이 건물은 지상 3층 그리고 주차장을 위한 지하 3층의 건물이다. 건축가인 게리와 예술가 클래스 올덴버그 그리고 건축주인 치앳-데이 모조가 함께 만든 것이라 해도 과언이 아니다. 건물의 얼굴을 보자면 세가지의 서로 다른 건축적 요소가 분명하게 보일 것이다.

왼쪽은 하얀 에나멜 패널로 덮인 보트 모양의 휘어진 스크린, 가운데의 주 건물은 건물 높이와 같은 높이로 서 있는 거대한 망원경 그리고 오른편에는 나무를 암시하는 기둥의 숲을 가진 동판으로 덮인 건물이다. 날카로운 맛을 보여주는 예각의 곡선은 세련되어 보이고 미적 감각을 돋보이게 만든다. 끊임없이 새로워야만 하는 광고계 회사의 정신과 세련된 맛을 보여주려고 곡선을 사용했는지 모른다.

망원경의 중앙 부분은 건물의 현관처럼 보이지만, 실제로는 자동차 출입구 역할을 하고 있다. 망원경 뒤쪽에 현관이 좌우로 설치되어 있다. 자동차는 로스앤젤레스 문화의 키워드이다. 도시구조가 자동차 중심으로 계획되어져 있고, 자동차 없이는 그곳에서의 생활이 불가능할 정도이다. 로스앤젤레스의 자동차 문화를 상징하고 숭배하듯 건물의 얼굴 안으로 자동차가 들어가는 것은 마치 주객이 전도된 아이러니한 현실을 패러디한 것처럼 읽혀진다. 미국의 문화를 주차장 문화라고 비아냥거리는 것은 집의 주차장에서 시작한 하루의 일상이 사무실 주차장으로 이어지고, 다시 저녁이 되면 집 주차장으로 끝나는 미국인의 일상을 대변해주기 때문이다. 상대적으로 대중교통수단이 발달하지 못한 미국의 도시적 상황 때문에 치앳-데이 모조 오피스 같은 건물의 얼굴이 주차장 입구로 둔갑하는 건축적 해결이 나오는 것은 아닌지 모르겠다.

망원경이 그저 조각으로만 서 있다면 실패한 건축적 해결일 것이다. 조각과 건축이 다른 것은 바로 실용적인 측면에서 드러난다. 조각은

예리한 곡선으로 처리된 사무실 건물은 광고계의 세련된 이미지를 보여준다.

예술품으로서 감상의 대상이지만, 건축은 인간이 그 안에서 거주하고 사용하게 되는 공간을 담는 그릇이다. 게리 역시 망원경이 그저 조각으로만 그치기를 원치 않았다. 건물의 2층에서 망원경 내부를 사용할 수 있도록 라운지 기능을 부여하였고, 여기에서 게리가 건축과 조각이라는 경계선상에서 건축을 작업 중심에 두고 있다는 생각을 엿볼 수 있다.

마지막으로 나무로 변신한 건물을 볼 수 있다. 이 공간은 사무실의 업무 기능이 배치된 직사각형으로 된 건물의 얼굴 격이다. 게리는 거리의 가로수를 건물로 추상화시켜 놓았다. 거리에 가로수가 있듯이 건물 그 자체가 가로수로 변신해 있는 것이다. 동판으로 마감된 표피는 시간이 흘러 청록색으로 변해 있어 그 느낌이 색다르다.

망원경과 나무 형상의 건물조각장식은 예술적인 감흥을 미술관이나 박물관에 가야만 구경할 수 있는 것이 아니라, 일상에서도 쉽게 구경할 수 있도록 한 게리의 생각에서 기인한다. 건물 그 자체가 예술품이 되면 우리는 미술관에 갈 필요 없이 매일매일 예술품 같은 건축을 일상

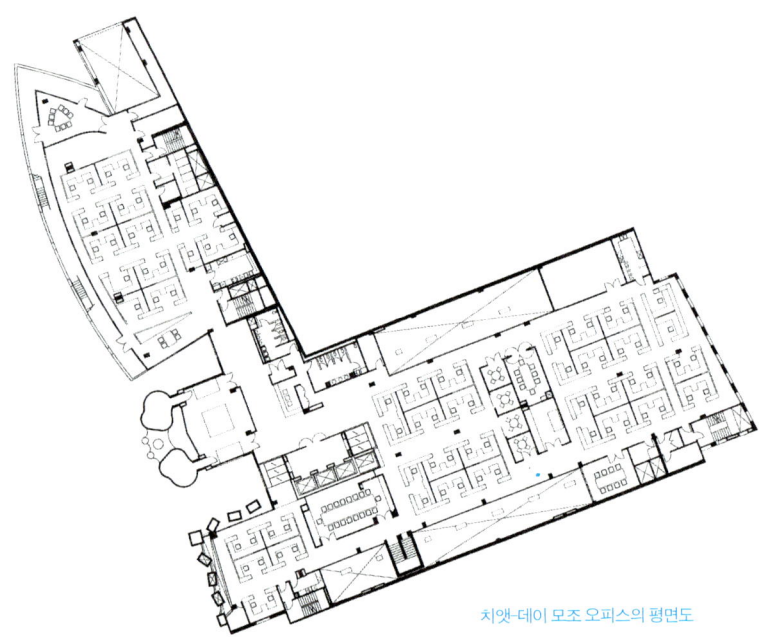

치앳-데이 모조 오피스의 평면도

에서 감상하고 그 안에서 생활할 수 있다는 것이다. 그가 추구하고자 하는 건축적 접근은 바로 건축이 바로 예술이 되어야 한다는 것이다. 이와 같은 게리의 건축적 의도를 알고나면 그의 건축이 왜 그렇게 만들어졌는가를 조금이나마 알 수 있을 것이다.

하지만 이 건축물도 건물이 하나임에도 불구하고 세 개의 서로 다른 입면을 통해 전체적인 통일성을 잃은 것이기도 하다. 일부러 통일성을 부여하고 싶지 않았을지도 모르지만 개개의 요소가 나무라면 하나

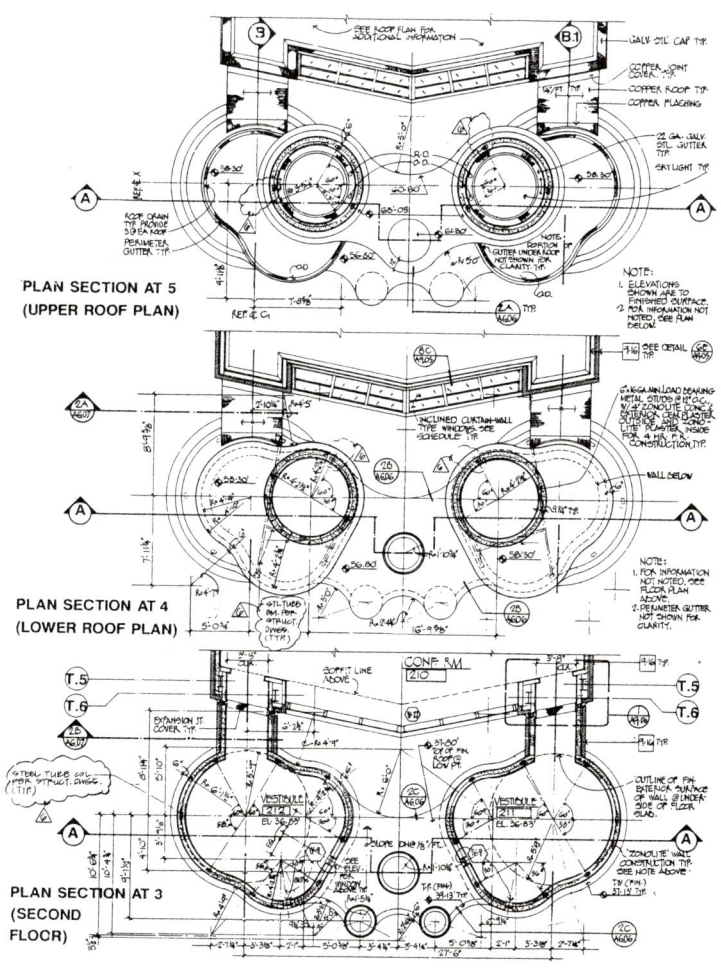

망원경 부분의 2층 평면도. 회의실과 연결된 공간으로 사용하고 있다.

← 동Bronze으로 마감된 건물은 가로수를 추상화시킨 모습이다.
↑ 건축적 나뭇가지들의 디테일. 청녹색으로 변한 표피는 시간의 흐름을 엿볼 수 있다.

의 건물은 숲이 되어야 할 것이다. 이 건물에서는 세 개의 다른 나무는 있되, 전체적인 숲은 보이지 않는다. 각각의 요소에만 너무 치중한 나머지 전체를 잃은 형국이다.

    건물 내부에는 게리가 직접 설계한 탁자와 의자 그리고 조명기구들이 많이 있다. 이 건물은 활기찬 광고회사의 활동들을 나타내는 흥미로운 건물임에 틀림없다. '좋은 디자인이 좋은 비즈니스이다(Good design is good business)'라는 말처럼 이 건물은 회사의 이미지를 건축적 디자인을 통해 확실히 굳혀 가는 데 성공한 경우라 볼 수 있을 것 같다.

전망대가 있는 집_ 노턴 씨 주택

　베니스 해변을 따라 길을 걷게 되면 넓은 모래사장과 롤러스케이트 타는 젊은 사람들을 쉽게 만날 수 있다. 어떠한 것이라도 모두 흡수해 버리는 베니스의 문화적 콘텍스트는 한마디로 카오스, 혼돈 그 자체이다. 특이한 사람들이 모여 사는 특이한 동네 베니스.

　노턴 씨의 주택은 게리를 대표할 만한 작품이다. 몇 년 전 미국 텔레비전에 소니 벽면 TV 광고 배경으로 등장한 주택이기도 하다. 게리

노턴 씨의 주택Norton Residence, 1983, 클라이언트의 삶의 배경이 건축화된 전망대가 있는 집. 2509 Ocean Front Walk, Venice CA, 90291

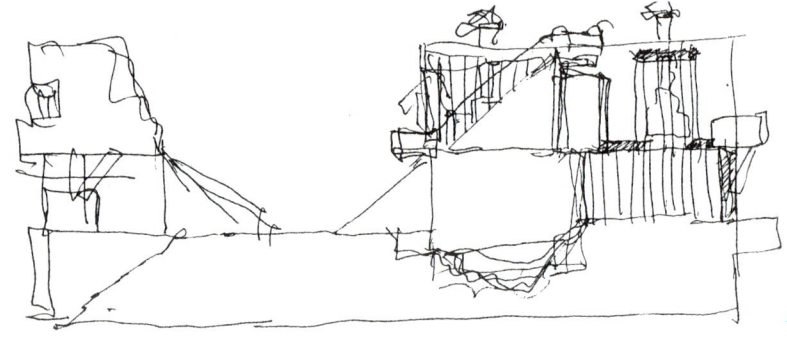

노턴 씨 주택의 스케치

역시 이 주택에 대해 자부심과 긍지를 가지고 있다고 고백하고 있다. 제한된 건축예산의 어려움에 불구하고 놀라운 건축적 해결을 보여주고 있는 주택이다. 게리는 노턴 씨 주택을 계획하면서 베니스의 혼돈의 문화적 맥락 속에서 어떻게 하면 이 주택만의 정체성을 표현할 것인가 고민하였다고 한다. 이 주택의 테마 역시 조각적인 건축을 구현하고자 한 것이 게리의 의도이다.

 이 집은 베니스 해변과 태평양을 바라보고 있는 협소한 부지 위에 있다. 건축주는 영화 시나리오 작가이며 과거에는 인명구조 안전요원이었고, 그 아내는 예술가이다. 건축주의 직업 특성상 조용히 글쓰는 공간이 필요했고, 과거 인명구조 안전요원이었던 시절에 전망대에 앉아 있기를 좋아했다는 건축주의 개인적 배경을 게리는 건축적으로 해결하였다. 전망대 타워는 곧 건축주의 개인적이며 사적인 공간인 동시에 그의 과거를 이식해놓은 공간이다.

 이 집의 구성요소들은 바쁜 일상의 거리에 즐거운 구경거리를 선사하고 있다. 콘크리트 블럭 벽 뒤로 높이 솟은 인명구조 전망타워는 지나가는 사람들에게 큰 즐거움이다. 안전요원이 해변을 감시하고 있을 것만 같은 전망대 타워이다. 처음 전망타워가 지어졌을 때에는 흰색이었으나 소니 TV 광고촬영시 소니사가 강렬한 이미지를 주기 위해 빨강색으로 페인트칠 했다고 한다.

사생활 보호와 바다로의 조망을 유지하기 위해 거실과 침실은 1층에 두지 않고 2층으로 올려졌고, 기다란 테라스의 끝에 위치하게 되었다. 형태와 계단, 재료 그리고 남쪽 벽 위의 노출된 빨간 굴뚝의 풍부함은 베니스시의 혼돈, 그 자체를 말해주고 있다. 빨간 전망대 타워와 빨간 굴뚝이 잘 어울린다.

　　거리에서 보게 되는 일본식 신사를 추상화시킨 목조 구조물은 건축주의 아내가 일본인이라는 것을 암시해주고 있다. 목조구조물 뒤로 보여지는 동양적인 분위기의 창문 역시 건축주의 아내를 배려해주고 있는 것이다. 이 주택의 형태적 결과는 곧 그 안에서 살고 있는 사람들의 삶 그 자체이다. 그 어느 것도 아무 이유 없이 만들어진 것이 없으니 말이다. 이래서 건축가는 건축주와 대화를 많이 해야 한다. 그래야 건축주가 원하는 것을, 또 건축주와 건축이 유기적으로 서로 연결되어 있는 건축을 만들 수 있으니까.

　　로스앤젤레스 지역에 게리가 설계한 주택들이 여러 채 있다. 게리의 초창기 주택작품을 보면 그가 세월의 흐름과 더불어 얼마나 변해왔는지 알 수 있다. 1964년에 완공된 철저한 미니멀리즘 주택인 댄자이거 스튜디오(Danziger Studio) 주택은 과연 게리가 설계한 주택인지 의심이 들 정도이다. 이는 끊임없이 자신을 깨고 진보하는 게리의 단면을 볼 수 있는 증거이다.

　　개인 주택은 건물 특성상 내부를 구경하기란 쉽지가 않아 게리가 설계한 댄자이거 주택을 심도 있게 살피는 대신 외부 사진으로 대신한다. 미국처럼 사생활 보호가 철저히 강조되는 나라에서는 더욱 주택 내부를 구경하기는 힘들다. 사진이라도 찍다가 경찰에 신고당하면 큰일날 일이어서 사진 찍기조차도 겁나는 상황이 많다. 그래서 주택 하나하나를 자세히 설명하는 것이 무리가 있다고 판단되어 주택은 사진으로만 보여주는 데 큰 양해가 있기를 바란다.

해상안전요원의 전망대. 과거의 추억을 건축으로 다시 살려놓았다.

일본식 신사를 연상시키는 목조 건물과 동양적 분위기를 자아내는 창문

전망대가 있는 집의 뒷면은 별다른 특색이 없다. 주차는 배면도로에서 접근 가능하다.

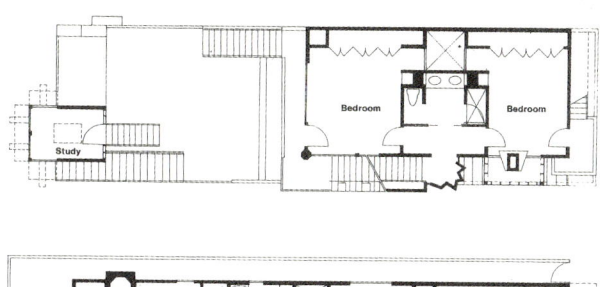

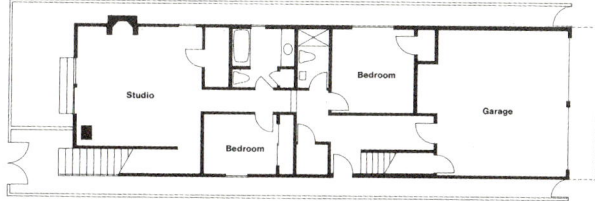

노턴 씨 주택의 평면도

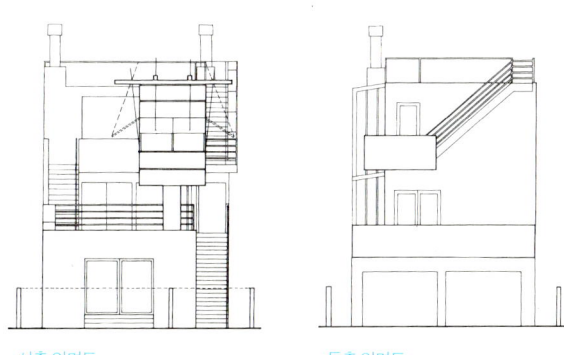

서측 입면도   동측 입면도

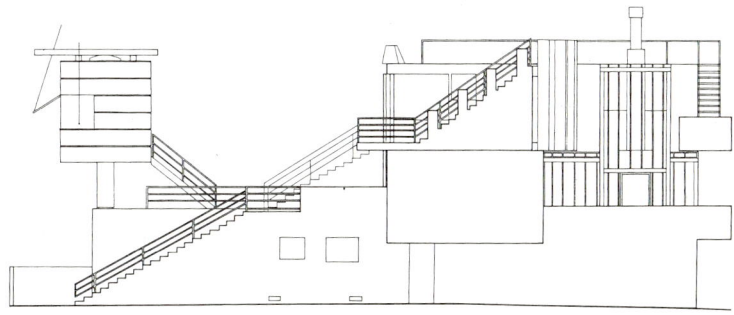

남측 입면도

춤추는 장미_ 월트 디즈니 콘서트 홀

미국 생활을 마치고 귀국을 한 지 6개월 만인 2005년 10월 다시 로스앤젤레스를 찾았다. 그리고 3개월 후에 로스앤젤레스를 다시 방문했다. 회사에서 진행되는 프로젝트 때문에 10여 일을 로스앤젤레스에 있는 미국 사무실에서 보냈는데, 이번에 다시 찾은 미국행은 마치 타임머신을 타고 되돌아간 느낌이었다. 1999년 로스앤젤레스 구석구석을 발로 뛰며 건축물을 직접 답사한 것이 바로 어제 같은데, 이제는 출장으로 다시 이곳을 찾아 예전의 추억을 더듬으니 세월의 빠름을 다시 한번 절감할 수밖에 없다.

시간이 지나고 사람이 바뀌고 또 도시가 진화해도 예전에 방문했던 유명 건축물은 여전히 그 자리에 묵묵히 서 있다. 인턴생활을 할 때 비어 있던 땅은 새로운 건축물이 들어 서 있었고, 오래된 건물은 다시 새 단장하느라 분주했으며, 도심에는 재개발이 한창 진행 중이었다. 도시는 사람이 그러한 것처럼, 끊임없이 새로운 것을 생성하면서 진화하고 또 사라진다.

로스앤젤레스 현대 건축에서 게리가 차지하는 비중과 중요도만큼 이 책에서의 게리에 대한 언급은 자연스럽게 그 양이 비례할 수밖에 없다. 80세가 가까워지는 노년에도 불구하고 젊은이 못지않게 왕성히 활동하는 게리는 현재 로스앤젤레스를 박차고 나가 세계 곳곳에 그의 건

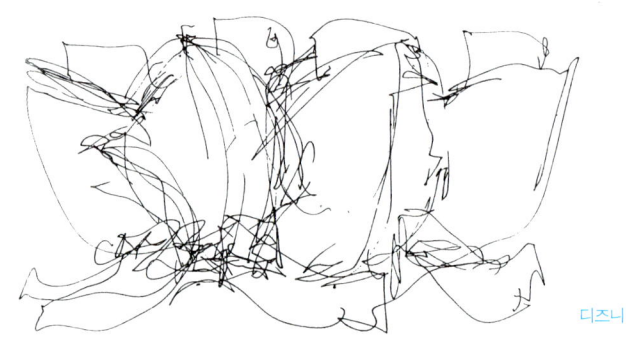

디즈니 콘서트 홀 스케치

축물을 세우고 있다. 그의 작품 중에 가장 획기적인 패러다임의 변화가 있는 건물이 있다면 그것은 바로 로스앤젤레스의 디즈니 콘서트 홀이다. 필자가 1999년 당시 로스앤젤레스에서 머무를 때 디즈니 콘서트 홀은 한창 공사 중이어서 그 실체를 책으로만 접했는데, 이번 미국 출장길에 그의 완공된 건축을 직접 찾아볼 수 있어 더욱 뜻깊었다.

디즈니 센터의 최근 준공은 개인적으로 많은 흥미를 유발시켰는데, 그 이유는 필자가 로스앤젤레스에 있는 게리의 건물을 모두 답사하고 또 그의 건축적 진화를 체험했기 때문에 가장 최근에 완공된 로스앤젤레스의 디즈니 콘서트 홀을 꼭 방문하고 싶었다. 디즈니 콘서트 홀 이후에 한층 진보된 빌바오 구겐하임 뮤지엄이 있지만, 게리의 유기적이고 비선형적인 건축의 문을 연 출발점은 바로 디즈니 콘서트 홀이라고 생각한다. 무엇보다도 주목해야 할 것은 이러한 건축물이 서 있을 수 있도록 만드는 시민문화의 성숙함이요 건축을 바라보는 안목이다. 아무리 훌륭한 작품이 있을지라도 그것을 알아주는 사람이 없다면 무슨 소용인가?

디즈니 콘서트 홀은 그 자체가 도시의 이벤트이자 건축적 사건이다. 게리의 건축은 세상의 진부한 틀과 우리가 지켜야만 할 규범 같은 암묵적 강요를 초월해서 자유롭게 세상에 서 있다. 세상의 모든 것을 초월해서 말이다. 지금 보아도 실험적이고 진보적이라고 느껴지는 디즈니 콘서트 홀은 1988년에 계획되었고, 개관은 2003년 가을이었다. 무려 16년만에 세상에 빛을 본 셈이다. 이제 디즈니 콘서트 홀 프로젝트가 어떻게 시작되어 16년의 난관을 거쳐 이렇게 당당히 서 있는지 시간의 강을 거슬러 올라가보자.

1987년 릴리안 디즈니는 그녀의 남편 월트 디즈니를 기념하고자 로스앤젤레스 필 하모닉 콘서트 홀 건축을 위해 5천만 달러를 기증하였다. 릴리안의 기부금으로 로스앤젤레스 시는 시의 랜드마크를 찾기 위한 길고 긴 프로젝트를 시작하였다. 1988년 세계적으로 유명한 건축가

빌바오 구겐하임 뮤지엄 1997, 스페인 빌바오.

디즈니 콘서트 홀Walt Disney Concert Hall 전경, 1989-2003, 111 South Grand Avenue, Los Angeles CA. 90012

들을 초청해서 현상설계를 공모하여 최종으로 게리가 디즈니 콘서트 홀 건축가로 선정되었고 그는 현상설계의 승리에 감격했다.

디즈니 콘서트 홀 현상설계에서 고트프라이드 봄, 제임스 스털링, 한스 홀라인과 같은 세계적인 건축가들과 싸워서 이겼습니다. 이번의 승리는 제가 활동하고 있는 홈 타운이라서 더욱 큰 쾌거이지요.

게리의 당선은 이제껏 건축의 주변부에 머물러 있던 그의 아방가르드적 실험건축의 승리이기에 더욱 의미가 있을 것이다. 디즈니 콘서트 홀은 보수적인 로스앤젤레스 벙커힐 문화지구에 세워지는 것 때문에 그의 실험적인 건축 당선은 기존의 보수일변도 건축흐름에 큰 변화를 주었다. 춤추는 장미와도 같은 디즈니 콘서트 홀은 수많은 비평과 담

디즈니 콘서트 홀 여러 모습들

론을 야기시켰다.

 현상설계를 공모할 때에 로스앤젤레스 시는 3가지 주요사항을 요구하였다. 첫째로, 최고의 음향을 담을 수 있는 콘서트 홀을 만들어 관객과 연주자간에 긴밀한 관계를 가지도록 할 것, 두 번째로 로스앤젤레스의 문화, 특성, 기후 그리고 다양한 인종사회의 열린문화 등을 시각적으로 반영할 수 있는 건물을 만들 것, 마지막으로 재개발 지역인 벙커힐과 현대 미술관(MOCA)과 같은 주변건물과 긴밀하고 강력한 관계를 가지도록 요구하였다. 기부자인 릴리안 디즈니는 개인적으로 관심이 많은 외부정원을 디자인해주었으면 하는 의견도 첨부하였다.

 현상설계 공모 당시에 콘서트 홀에 들어가야 할 주요 기능은 2천 4

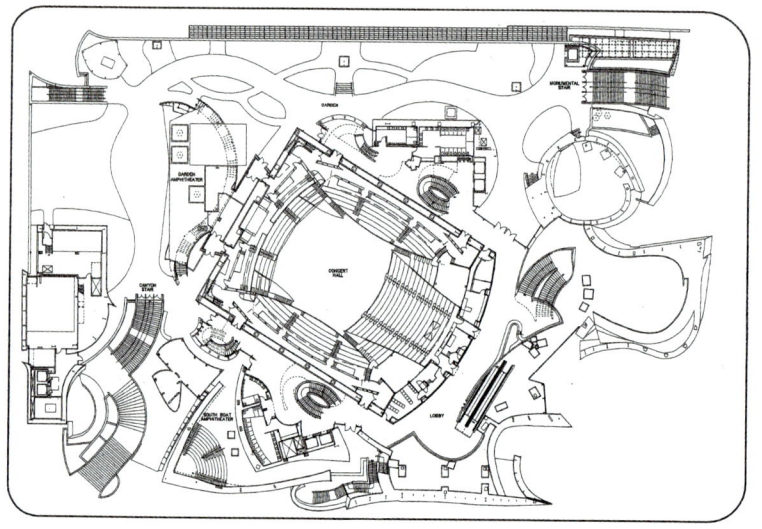

디즈니 콘서트 홀 전체 평면도

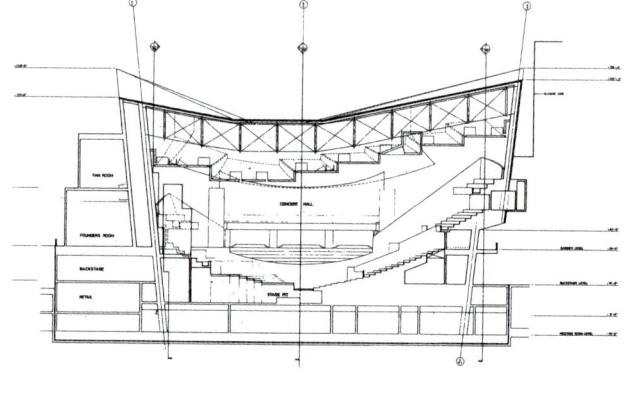

콘서트 홀 단면도. 콘서트 홀 건축에서는 음향이 매우 중요하다.

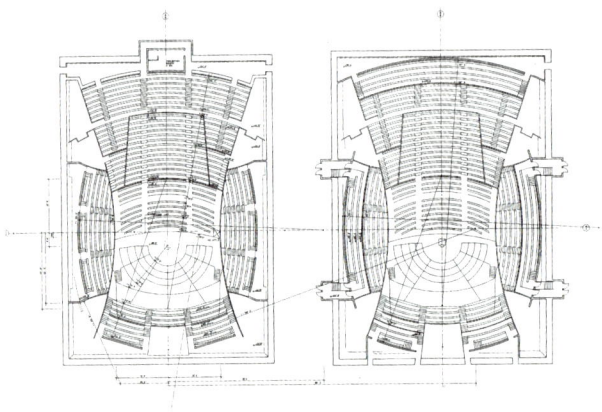

콘서트 홀 평면도. 최고의 음향을 만들기 위해 홀 가운데 부분이 유선형이다.

백여 석의 콘서트 홀을 비롯하여 챔버 뮤직홀, 다양한 이벤트를 담을 수 있는 퍼포먼스 홀, 시민들이 모임을 가질 수 있는 공간 그리고 방문객을 위한 지하 주차장 등이 주요 요구사항들이었다. 게리는 콘서트 홀에서 가장 중요한 음향요인들을 홀의 모양과 연관시켜 풀었는데, 오케스트라 무대를 중심으로 여러 개의 조그마한 방들을 배치하였다. 디즈니 홀의 외부는 조각적인 요소들을 겹겹이 구성하여 표현하였다.

1988년 게리가 설계공모에서 당선한 후 예산이 불어나고 모금에 문제가 생겨 프로젝트 자체가 무산될 뻔 하였다. 현상공모 이후 기존의 프로그램이 대폭 변했고, 이에 따라 수없이 변경된 프로그램에 맞춰 설계 또한 진행되었다. 당초 1억 달러로 추산됐던 공사비가 완공까지 2억 7천 4백만 달러가 들었기 때문에 공사비 문제로 5년 동안 중단된 사태가 발생하였다. 이 때문에 게리는 설계를 수차례 변경해야 했으며 시공 후에도 5년 동안이나 중단해야 했다. 또 1997년 설계의 세부사항에 대해 통제를 할 수 없게 되자 그만 둘 뻔하기도 했다. 그러나 릴리안 디즈니의 딸인 다이언 디즈니 밀러가 그를 후원하여, 어머니의 기부금 1천 4백만 달러를 더 기부한 덕에 그는 건축위원회의 반대를 무릅쓰고 소신대로 공사를 진행시킬 수 있었다.

디즈니 콘서트 홀 설계과정에서 가장 중요한 요인은 콘서트 홀의 음향적 요인을 어떻게 확보할 것인지 그리고 동시에 음향적인 특색들이 어떻게 건축적으로 표현해야 하는지가 문제였다. 디즈니 콘서트 홀의 건축위원회는 최고의 음향환경을 만들기 위해 세계적으로 유명한 콘서트 홀인 보스턴 심포니 홀, 암스테르담 콘서트 홀, 베를린 필 하모닉 그리고 도쿄의 선토리 홀을 직접 방문 조사하였다. 동시에 게리사무실은 세계적인 홀 건물을 모델로 만들어 그 특성과 형태를 연구하였다. 오페라 홀이나 오케스트라 홀에서 가장 중요한 디자인 요소가 음향인데, 디즈니 콘서트 건축위원회는 일본의 선토리 홀의 음향설계를 맡았던 야수히사 토요타(Yasuhisa Toyota)와 미노루 나가타(Minoru Nagata)를

← 굽이치는 물결 모양의 외부 전경

음향 디자이너로 선임하였다. 나가타는 급진적이고 실험적인 음의 반향(反響)설계를 하였는데, 이를 반영한 인테리어가 최종적으로는 조각 같은 형태로 나타나게 되었다.

디즈니 콘서트 홀의 훌륭한 음향을 만들기 위해서는 극복해야 할 두가지 건축적 요인이 있었는데, 그 하나는 한스 쉬아로운스(Hans Scharoun's)가 설계한 베를린 콘서트 홀처럼 유기적인 형태의 곡선 모양을 만드는 것이고, 또 하나는 보스턴 심포니 홀처럼 완벽한 비례를 가진 공연홀을 만드는 것이었다. 게리는 음향설계자 나가타와 협의 한 끝에 공연 홀을 변형시키는 쪽으로 결론을 내렸다. 그래서 박스형의 콘서트 홀에 볼록한 커브 모양이 생기게 되었으며 그것은 음향적으로 더 멀리 퍼져나갈 수 있도록 고안한 것이다. 게리와 나가타의 업무협의도 중요했지만 아름다운 콘서트 홀을 만드는데 더욱 중요했던 점은 세계적인 작곡가이자 지휘자인 주빈 메타(Zubin Meta)나 사이먼 래틀(Simon Rattle) 그리고 로스앤젤레스 필 하모닉의 수많은 연주자들과의 만남이었다. 그들과의 대화를 통해서 게리는 훌륭하고 고상하며 멋있는 콘서트 홀이 심리적으로 지휘자나 연주자들에게 심미적 감흥을 유발시켜 실제 연주에도 많은 영향을 미친다는 점을 깨닫게 된 것이다. 말하자면 독특하고 훌륭한 건축적 환경이 연주자의 음악적 정열에 깊은 영향을 미친다는 것이다.

건물 내부의 복잡함을 그대로 외부에 반영하기라도 하듯 예상치 못한 조그마한 공간들이 곳곳에 숨겨져 있다. 티타늄과 라임스톤 그리고 유리로 감싸여진 표피 속에는 카페, 기념품 가게, 테라스, 엘리베이터, 계단 등이 예상치 않은 곳에 위치해 있다. 대로변에서 누구나 접할 수 있도록 계획된 외부정원은 시민들에게 소풍장소로도 좋은 공간이다. 또 기존의 콘서트 홀과는 달리 로비가 대로변을 따라 길게 늘어져 있어서 시민들이 자유롭게 드나들 수 있도록 배려하였다.

게리의 유선형적인 건축은 기존의 건축 프로그램으로 재현할 수

콘서트 홀 내부 모형 사진

콘서트 홀 내부 로비. 대로변을 따라 길게 구성되어 있다.

↑ 콘서트 홀 내부 모습
→ 홀 내부 계단. 자유로운 곡선으로 독특한 계단 모양이다.

유선형 건물 외부와 정원에 있는 꽃 모양 조각

없다. 통상적인 건축물과 너무 다른 형태이기 때문에 기존의 방식으로 도저히 도면조차 그려낼 수 없는 상황이었다. 유클리드 기하학에서 벗어나 있기 때문에 90° 각도가 맞는 곳이 거의 없었다. 벽은 삐뚤어져 있으며 동시에 파도 치듯 구부러져 있기 때문이다. 물결같은 유선형의 게리의 건축은 결국 우주항공분야에서 사용하는 프랑스 컴퓨터 프로그램인 카티아(CATIA, The Computer-Aided Three-Dimensional Interactive Application)의 도움을 받아 건축도면화한 것이다. 이러한 이유 때문에 디즈니 콘서트 홀은 기술적으로 가장 어려운 건물이자 도전이었다. 재정적인 문제 때문에 1988년에 초기계획을 하여 16년이 걸려서야 완공이 되었지만 게리의 최초의 유선형 건축물은 바로 디즈니 콘서트 홀이다. 이보다 3년이나 늦게 계획된 스페인의 빌바오 구겐하임 뮤지엄이 디즈니 콘서트 홀보다 6년이나 먼저 1997년에 세상에 빛을 보게 되어 게리의 선구적인 건축이라는 명성을 빼앗기기도 했지만, 디즈니 콘서트 홀이 새로운 건축의 지평을 연 하나의 거대한 초석임은 틀림없는 사실이다. 연합뉴스 신문에 실린 기사를 통해 디즈니 콘서트 홀에 대한 게리의 열정을 느낄 수 있다.

2003년 6월 로스앤젤레스 필 하모닉 상임지휘자 에사 페카 살로넨은 개관을 앞두기 전 디즈니 콘서트 홀의 음향을 시험하기 위해 게리와 프로젝트의 주요 인사 10여 명과 함께 시연을 가졌다. 페카 살로넨은 단원들 앞에서 모차르트의 교향곡 '주피터'의 서두 몇 소절을 지휘하다 말고 갑자기 지휘봉을 툭툭치며 연주를 중단시키고는 객석의 프랭크 게리를 가리켰다.

"프랭크, 잘 관리하겠습니다"라고 그가 말했다. 게리는 감격에 북받쳐 흐느껴 울기 시작했다.

그보다 몇 달 전에도 게리는 음향상태가 어떨까 궁금해서 어느 날 저녁 집에서 전화로 살로넨을 불러 아직 미완 상태의 홀에서 만나자고 요청했었다. 살로넨은 악장에게 바이올린을 갖고 오라고 부탁하고, 악장은 어슴푸레하고

콘서트 홀 외부 정원

먼지 자욱한 홀에서 바흐의 곡을 잠시 연주했다. 그날 밤에도 게리의 두 눈엔 이슬이 비쳤었다. 그 당시를 살로넨은 이렇게 회상했다.

"이미 음향은 아름다웠죠. 우리는 무척 감동했었답니다."

음향에 대한 최종 판정은 오는 2003년 10월 23일 첫 콘서트가 공연된 후 음악평론가들로부터 나오게 될 것이다. 만약 이 건물이 외모만큼이나 음향이 훌륭하다면 1997년 게리를 국제적 스타로 만들었던 스페인 빌바오의 웅장한 구겐하임 박물관을 훨씬 능가하는 명작이 될 것에 틀림없다.

로스앤젤레스 도심 벙커힐 기슭에 자리잡은 이 건물은 로스앤젤레스 교향악단의 본거지인 초라한 도로시 챈들러 파빌리온을 가로질러 우뚝 솟아 있다.

게리는 "어쨌든 완공을 봤다. 그것은 기적이었다"고 한숨을 쉬었다.

(출처:연합신문)

03 모포시스 시대변화와 건축변화

로스앤젤레스 신진 건축의 리더

프랭크 게리가 로스앤젤레스 건축의 새로운 기운을 제공한 건축가라면, 모포시스(Morphosis)는 그것을 직접 건축으로 만든 그룹이다. 필자가 생각키로, 모포시스의 창업자인 톰 메인(Tom Mayne)은 로스앤젤레스에서 가장 영향력 있는 스튜디오 선생이자 건축가이다. 그는 남가주 건축학교를 설립할 당시 창립교수진이었으며, 지금도 학교에서 스튜디오 건축을 가르치고 있다. 매년 이 학교에서 배출되는 수많은 학생들 그리고 모포시스 사무실에서 인턴생활과 실무생활하는 이들은 톰 메인의 영향을 받고 있다.

1978년 톰 메인과 마이클 로툰디라는 두 명의 건축가가 모포시스를 창립한다. SCI-ARC의 학장을 역임한 두 사람은 로스앤젤레스에서 가장 주목받고 있는 신진 건축가들임에 틀림없다. 프랭크 게리와 에릭 오웬 모스와 같이 로스앤젤레스 건축을 주도하고 있는 모포시스는 1993년 마이클 로툰디가 로토 건축으로 독립하면서 현재 톰 메인 혼자서 이끌고 있다. 캘리포니아를 중심으로 활동하고 있으며 일본과 한국 등 아시아권에도 모포시스의 작품을 세우고 있는 중이다.

1960년대 말과 1970년대 초에 많은 건축학교가 디자인에 있어 새

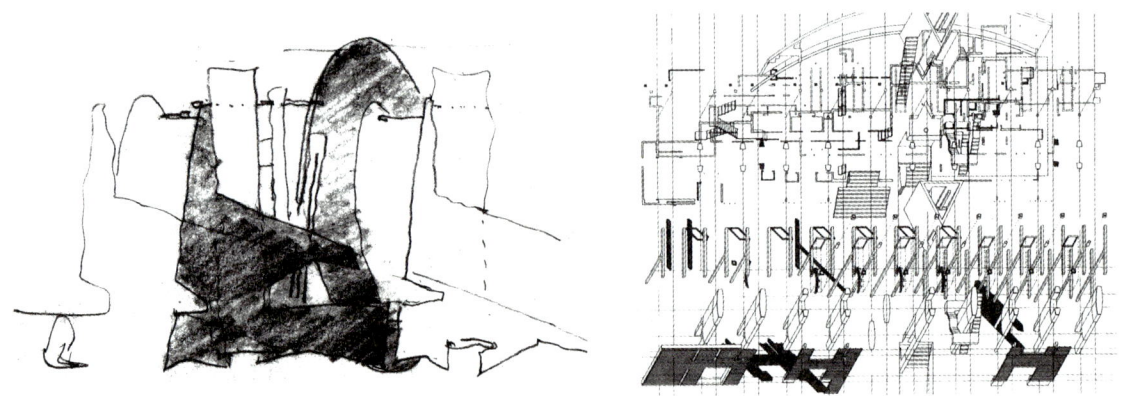

↑ 다이아몬드 랜치 고등학교 스케치 Diamond Ranch High School 1993-2000, 캘리포니아주, 포모나
→ 크로포드씨 주택 Crawford Residence 1990, 몬티세토, 캘리포니아, 모포시스의 대표적인 작품

로운 실험을 하게 된다. 그 당시 모포시스도 건축의 개념을 새로운 접근 방식으로 보기 시작한다. 로스앤젤레스의 신진 그룹은 건축의 사회적인 역할을 강조하는 대신 건축적인 자기만족을 위해 작업을 하고 있다. 건축의 조형적인 면이나 형태 조작을 강조하면서 건축적 유희를 즐기고 있는 것처럼 보여진다.

건축의 다양성을 역설하는 모포시스는 모더니즘의 통일성과 단순성은 반드시 부서져야 한다고 주장한다. 시대가 변하고 사회가 변한 만큼 건축도 같이 변해야 한다는 것이 주된 논리이다. 급변하는 사회 현상 중 하나인 전자통신의 발전과 교류로 인한 전통적인 커뮤니티의 파괴와 더불어, 커뮤니티에 대한 전통적인 개념은 깨어져야 한다고 모포시스는 말한다. 동일한 논리에서 건물의 내부나 외부의 경계 역시 깨져야 한다고 역설한다. 톰 메인의 건축관을 요약해보면 이렇다.

21세기가 다가오는 이 시점에 우리 문화는 끊임없이 변하고 있다. 건축 또한 끊임없이 변해야 한다. 이 변증법적인 문화 현상의 변화 과정 중에 건축은 우리 환경과 결합해야만 한다. 현대 물리학에서 발견한 양자 역학의 불확실성,

샐릭 헬스케어 본사, 1991, 로스엔젤레스

블레이드 씨 주택 Blades Residence 1992, 산타바바라, 캘리포니아. 모포시스의 콜라주 드로잉은 모더니즘의 통일성과 단순성을 파괴하기라도 하듯 복잡하고 난해하다.

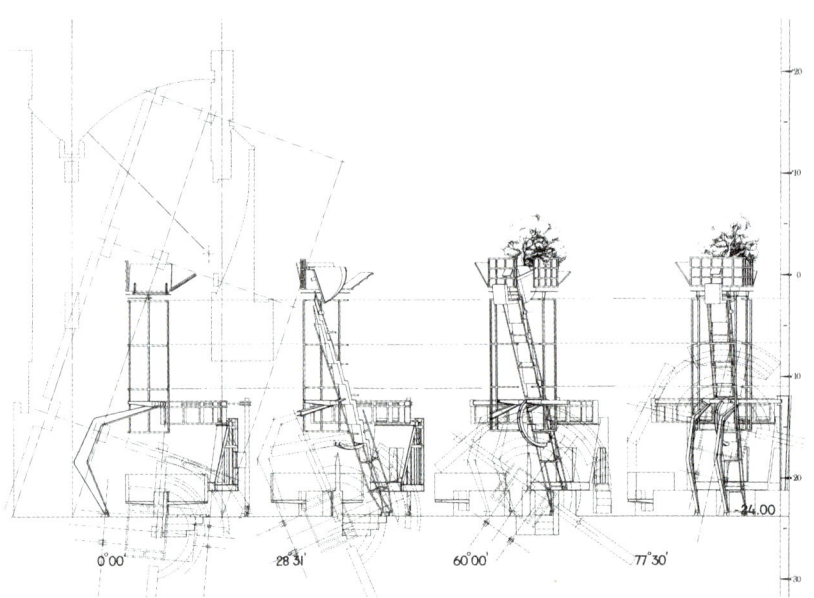

세다스 시나이 암 센터 Cedars-Sinai Comprehensive Cancer Center 조형물 입면도, 1987, 로스엔젤레스

카오스 이론의 등장과 현대 기술의 급속한 변화는 여기에 대응하기 위한 우리 내면에 내재하고 있는 본질의 변화를 요구하고 있다. 이러한 변화 앞에서 개인이 성취할 수 있는 것은 문화와 작품 사이의 보다 직관적이고 직접적인 관계의 가능성을 갖는 것이다. 그래서 모포시스의 건축 방법은 매우 직관적이고 반사적이다. 물론 우리의 작품을 모순, 갈등, 변화 그리고 역동적이라고 평가한다. 우리는 모순과 복합성의 반응으로서의 해체(Deconstruction)에 관심이 있는 것이 아니라 통일과 질서 속에서의 작업을 할 수 있는 재구축(Reconstruction)에 관심이 있다.

모델과 도면은 우리 작업의 가장 중요한 부분이다. 그것은 우리의 아이디어를 발동시키고 실험하고픈 자유를 허락해주며, 기분전환까지 시켜주기도 한다. 우리 오피스는 하나의 문제를 전혀 다른 시각에서 바라보며, 우리의 처음 반응을 검토하고 검증함으로써 질문과 대답의 패러다임을 거꾸로 보도록 노력한다. 개방적인 사고와 변화하는 주제를 이해하기 위해서는 의문이 필요하며, 결정된 해답보다는 의문과 해답의 반복적인 과정이 있어야 하며, 또 그것이 작품 속에 녹아 있어야 한다. 우리의 작업은 윤리와 가치를 처음부터 고민하는 의문에 기초를 주고 있다. 참된 작품을 만들기 위해서는 근원적인 의문을 다시 한번 곱씹어 보고 재작업을 해야 한다.

모포시스의 건축은 파편처럼 깨져 보이지만 질서 없는 해체처럼 보이지는 않는다. 매스와 선들이 깨어지고 흐트러져 있음에도 불구하고 전체적인 그림은 기하학적인 구성의 미묘한 조화를 보는 것 같다. 모포시스는 일부러 틀을 깬 구상을 구사한다고 말한다. 모포시스가 사용하는 구조물은 20세기 초반에 우리가 믿어왔던 테크놀러지 환상의 패러독스를 비꼬기 위한 것이다. 모포시스는 하이테크 건축가가 아니다. 테크놀러지가 인간의 환경을 상징하면서 동시에 찬미하는 것으로 사용되어져야 한다고 모포시스는 믿고 있다. 그래서 그는 건축은 결국 커뮤니케이션의 수단이라고 말한다.

톰 메인은 모포시스의 작업 스타일을 이렇게 말한다.

건축 비즈니스는 건축주에게 봉사하는 것이다. 우리는 건축주가 무엇을 원하는지 알고 있다. 하지만 실제의 건축은 그와 정반대이다. 건축가의 관심은 어떤 특정한 시간의 경계를 넘어버리는 지극히 사적이고 개인적이며, 리더쉽과 유사한 독립성이 필요하다. 나는 유행에 관심이 없다. 나는 우리를 어딘가로 데려갈 수 있는 아이디어에서 작업을 시작하는 것에 흥미가 있으며 방법론적인 과정에도 관심이 있다. 우리는 건축에서 어떤 반응을 느낄 수 있도록 만들어야 한다.

어떤 건축가는 시각적이며 건물의 외관에 관심을 두고 작업을 시작하기도 한다. 나는 그렇지 않다. 솔직히 나는 어디로 가는지 모른다. 재료는 제일 늦게 결정이 된다. 건축은 보여지는 것과 상관없이 선, 방향 그리고 힘의 관계에 있다. 대부분의 건축주는 이러한 것에 관심이 없기 때문에 이러한 관심사를

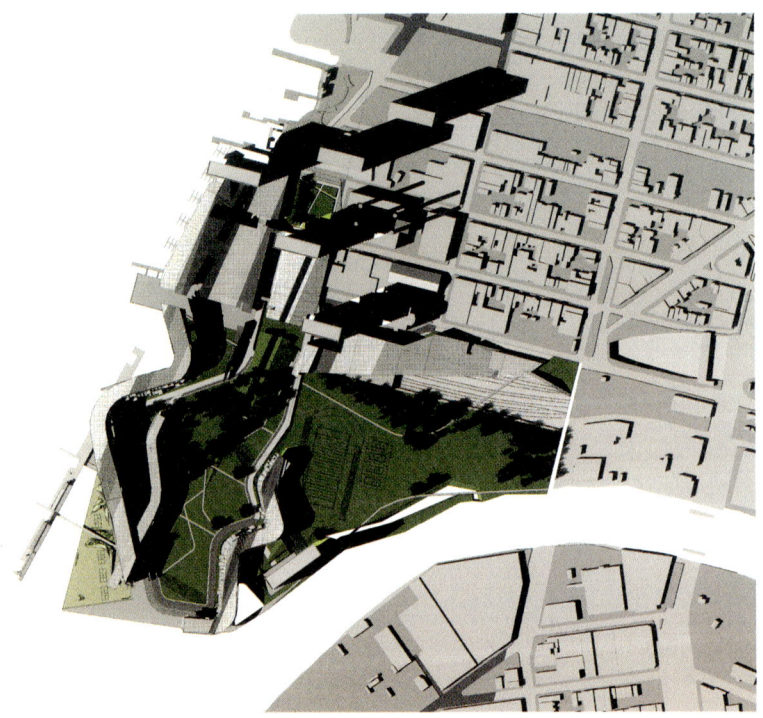

2012년 뉴욕 올림픽 빌리지 현상설계 당선작
2004, 모포시스, 뉴욕

건축주와 협의하는 것은 쉬운 것이 아니다.

결국 해결이라는 것은 어떤 문제에 대해 심오하고 깊은 분석을 하는 과정이다. 사람들은 건축을 양식(Style)이라는 관점에서 반응한다. 하지만 건축을 만드는 것은 건축 그 자체가 가지고 있는 힘과 아름다움, 즉 건축의 진정함(Authenticity)을 가진 어떤 것을 창조하는 것과 관계가 있다. 이것을 얻기 위해 건물 위에 몇 개의 건축적 요소를 설치하는 것이 아니다. 그것을 뛰어넘어 어떤 창조에 이르는 작업을 해야 한다. 실제로 건축을 만드는 과정은 창조를 따르게 한다. 이것은 더욱 더 어려운 부분이다. 나는 아무것도 없는 것에서 작업을 시작한다.

과거 톰 메인과 모포시스를 이끌었던 마이클 로툰디는 건축은 불확실한 현대생활 패턴의 진화와 관계가 있는 '만듦의 시학(poetics of making)'이라고 말한다. 프랭크 게리로부터 영향을 받은 것에서 한단계 더 나아가 로툰디는 실시설계 중에 도면을 수정하고 매일매일 집을 짓는다. 마치 하나의 도시를 개발하듯이 오랜 시간동안 프로젝트를 만들어가는 것에 건축의 목적이 있다고 말한다. 시작하고 멈추고 기억하고 잊어버리는 것처럼.

건축에 있어서 자신의 색깔을 독특하게 만드는 것은 건축가의 주요 화두이지만 쉬운 문제는 아니다. 모포시스 역시 자신의 색깔을 만들기 위해 부단히 노력하고 있는 흔적을 엿볼 수 있다. 건축 형태의 의도적인 해체와 재구축 그리고 설계과정에서 발생하는 창조성을 구현하고자 하는 모포시스의 건축은 현대 건축의 독특한 한 부분을 차지하고 있음에 틀림없다.

부재의 노출, 과감한 입면_ 헤네시 인골스 서점

산타모니카 보행자 몰(Promenade Mall)은 산타모니카의 중심지역이다. 산타모니카 해변과 바로 연결되어 있고 또 게리가 설계한 산타모니카 플레이스가 있는 곳이다. 모포시스의 이 작품은 산타모니카 보행자 몰의 수많은 상점들 사이에 위치해 있다. 하지만 서점에 자주 들리는 사람이라면 이 건물을 쉽게 찾을 수 있다. 보행자 몰에 큰 서점은 한 곳 밖에 없으니까.

산타모니카 보행자 몰의 다양한 상점들은 다른 상업적인 건물과는 달리 다소 전위적인 파사드를 보여주고 있다. 내가 처음 이 건물의 파사드를 보았을 때, 모포시스의 작품이라는 것을 몰랐다. 하지만 주위 건물로부터 돋보이는 이 파사드에 나도 모르게 사진을 찍고 보니 모포시스의 작품이었다. 다소 특이한 입면이고 범상치 않은 재료와 입면의 기하학적 구성은 시선을 끌기에 충분하다.

철골 빔의 과감한 노출과 철판의 덧붙임은 주위에 있는 다른 상점 건물에 반항하는 인상을 주고 있다. 화려한 장식으로 얼굴을 화장한 다른 건물의 파사드와는 달리 이제껏 우리가 건물의 얼굴 화장 뒤로 숨겨놓은 건축재료의 전위적인 장식에서 모포시스의 건축 실험정신을 엿볼 수 있다. 밋밋한 2차원적 건물의 입면을 조각적인 3차원으로 만들어, 회화로 치자면 전통적인 평면적 수법에서 오브제가 회화가 되어 3차원적 깊이를 느끼게 만든 것과 같다. 그래서 이 건물은 마치 1913년 소비에트 구성주의 건축가인 블라디미르 타틀린(Vladimir Evgrafovich Tatlin)이 시도한 방의 코너에 매달았던 전위적 작품, '코너 릴리프'를 보는 것 같다.

예술 및 건축 서적을 취급하는 서점인 이 건물에는 원래 아르데코 풍의 장식이 있었다. 모포시스가 이 건물에서 의도한 것은 리노베이션과 더불어 좀더 추상적인 입면을 만드는 것이었다. 아르데코의 매끈한

↑ 보행자의 역동적인 동선을 표현하는 것처럼 건물의 부재는 날아가고 있다.
➡ 헤네시 인골스 예술&건축 서점, 1984, 새로운 부재의 추가로 건물의 입면은 긴장감을 불러일으키고 있다. 산타모니카, 캘리포니아

장식은 건물의 배경으로 처리하고 그 위에 새로 첨부한 철판과 철골 빔 그리고 케이블 선은 건물 본래 얼굴을 강화시켜주는 동시에 전복시키고 있다.

    원래 건물의 입면은 대칭이었으나, 모포시스의 새로운 추가는 비대칭형으로 보이게 하면서 구성상의 긴장감을 불러일으킨다. 새로 첨부한 탑처럼 보이는 철골 판은 기존에 있었던 아르데코 풍의 작은 탑과 재료의 강한 이질감을 보이면서도 밸런스를 유지하고 있다. 동시에 현관 차양을 강조하고 있다. 서점 내부는 벽돌로 마감되었는데, 예전의 건물을 그대로 살린 듯한 분위기로 창고 같은 서점의 인상이 강하였다. 그러면서도 책들의 수많은 표지가 공간을 화려하게 수놓고 있어서 벽의 거침과 책의 부드러움이 강한 대조를 보여주고 있다.

    그림으로만 꿈꾸는 것과 실제로 짓는 것은 천지 차이다. 아무리 설계가 잘 되어도 그것이 세워지지 않으면 건축이 되겠는가? 모포시스의 건축은 과감하면서도 정리가 잘 되어 있는 현대 건축의 본보기이다. 실험과 진보라는 명분으로 시각적 공해를 일으키는 3차원적 조형물들이

우리 주위에 얼마나 많은가? 건축은 분명 시지각적 예술임을 잊지 말아야 한다. 모포시스의 건축은 진보적이고 실험적이면서도 시지각적으로 훌륭한 구성을 보여주고 있다. 헤네시 인골스 서점처럼.

건축 속의 또 다른 건축_ 케이트 만틸리니 레스토랑

윌셔 블루버드는 로스앤젤레스의 다운타운과 코리아타운 그리고 비벌리 힐스, 더 나아가 UCLA와 산타모니카를 잇는 핵심 도로이다. 비벌리 힐스로 가는 길목에서는 로스앤젤레스 현대 미술관과 로데오 거리를 만날 수 있고, 윌셔 블루버드 상에서는 고급 쇼핑가와 유명건축가가 설계한 사무실을 구경할 수 있다.

케이트 만틸리니 레스토랑 역시 리노베이션한 건물로서 건축 속의 또 다른 건축을 말해주고 있다. 가로변에 면한 철골 구조의 그리드 속의 플래스터 마감의 또 다른 매스가 들어가 있다. 기하학적으로 정리된 철골구조는 과거 건물이 가지고 있던 기둥간격을 그대로 유지하면서 새 건물의 매스를 감싸고 있다.

또한 가로변과 새 건물간의 여백을 심어줌으로써 내부공간과 외부공간의 전이공간을 만들어 시각적인 여유를 던져주고 있다. 두 개의 레이어는 과거와 현재의 건축적 대화를 보여주고 있다. 전이공간이자 외부공간에는 새로운 캐노피 구조물이 첨가되어 가로변의 금속 그리드와 새 건물을 이어주는 건축적 완충역할을 하고 있다.

비벌리 힐스에 위치한 케이트 맨틸리니 레스토랑 프로젝트에서는 건물 내외부에 조각적인 금속 오브제를 설치하여 보는 사람으로 하여금 호기심을 불러일으킨다. 톰 메인은 금속 조각품을 '무의미한 오브제'로 규정지으며 '레스토랑의 기능과 아무런 관계가 없다'고 설명한다. 그것은 단지, 사람과 자동차 시대의 관계를 보여주는 공공 장소를

케이트 만틸리니 레스토랑 Kate Mantilini Restaurant 전경, 1986, 비벌리 힐스. 9101 Wilshire Boulevard, Beverley Hills, CA. 90210

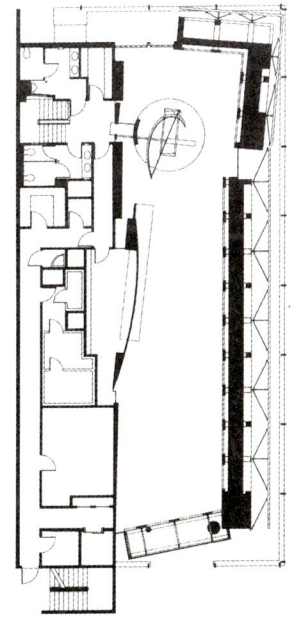

레스토랑 평면도

만들기 위해 설치하였다고 말한다.

　이 레스토랑은 매우 디자인적인 풍경을 담아내고 있다. 두 매스 덩어리를 겹치고 절삭하여 두개의 입면을 만들고 있다. 입면을 2차원적인 평면으로 보면 기하학적인 구성의 풍부함으로 읽을 수 있지만, 3차원적으로 보면 시각적인 풍부함과 공간의 깊이를 보여주는 구조관계를 엿볼 수 있는 작품이다.

　그리고 건물 뒤에 다시 금속으로 마감된 원통형의 매스가 보임으로 구성의 풍부함과 원통형 공간의 호기심을 자극하기도 한다. 금속 그리드 뒤로 보이는 이 원통형의 매스는 스카이 라이트 역할을 함으로써 자연을 식당 내부로 끌어들이고 있다. 동시에 식당 내부에 걸려 있는 금속 오브제는 바로 이 원통형 매스와 연결되어 있으며 사람들에게 시각적 즐거움을 던져주고 있다. 비행하는 듯한 모습을 보여주는 내부의 오브제는 건물에 사용된 금속재료와 타일 그리고 금속기둥의 파편을 재구성하여 이 건물이 건축 속의 건축이라는 것을 암시해주고 있다. 쉽게

레스토랑 정면 외부 테라스에 있는 오브제

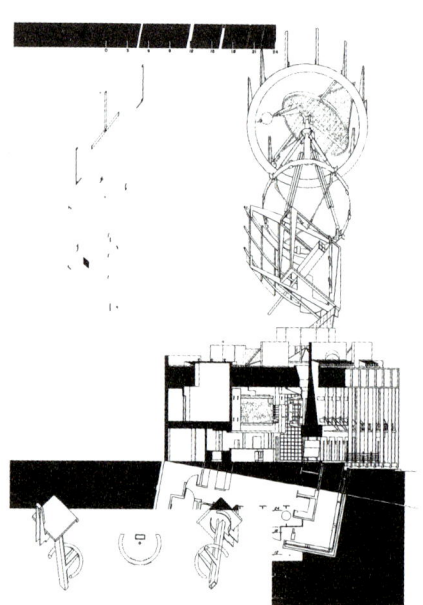

레스토랑 내부공간의 개념 전개도

식당 내부의 스카이 라이트

⬆ 레스토랑 측면. 외부 프레임 안에 내부 입면이 있는 이중구조를 보여주고 있다.
➡ 절묘한 기하적 구성으로 전체적 틀 안에서의 변화는 긴장감을 불러일으킨다.

보면, 이 프로젝트에 사용된 건축적 언어를 오브제에 집약해서 보여주고 있는 것이다. 하지만 톰 메인의 말대로 아무 의미 없이 그저 조각적인 것으로만 걸려있는지도 모른다. 때로는 예술이란 감상하기 위한 것으로만 존재할 수 있기 때문이다. 아무런 이유나 변명 없이 말이다.

리노베이션의 진수_ 샐릭 헬스케어 본사

　1990년대를 여는 모포시스의 대표작 중의 하나인 샐릭 헬스케어 (Salik Health Care Corporate Headquarters) 본사 건물은 로스앤젤레스의 풍경을 더욱 건축적으로 만들고 있다. 평범하고 진부한 건물도 모포시스의 손을 거쳐가면 화려하게 다시 태어난다. 건축가 작업의 의미와 보람이 여기에 있을 것이다. 단순한 건물에서 하나의 장소로 변화시키는 것 그리고 이름 모를 건물의 얼굴에 그 건물만의 정체성을 불어넣어주는 것은 마치 생명 없는 물체에 생명을 불어넣는 것과 같다. 3차원적인 오브제가 도시의 한 지점을 단지 '점유' 하고 있는 것이 아니라, 소통공간의 한 '장소' 로 서 있는 것은 건축과 인간의 공존을 의미한다.

　본래 이 건물은 1960년대의 재미없는 6층짜리 주거용 건물이었다. 건축주는 모포시스에게 이 건물을 구조와 기계 설비를 그대로 둔 채 리노베이션할 것을 부탁하였다. 모포시스는 프로젝트를 풀어가는 디자인 전략을 이렇게 말한다.

샐릭 헬스케어 본사 건물 Salik Health Care Corporate Headquarters 전경, 1991, 로스앤젤레스. 모포시스의 대표작 중 하나이다. 8201 Beverly Boulevard Los Angeles CA.

건물 상층부의 코너 부분 디테일

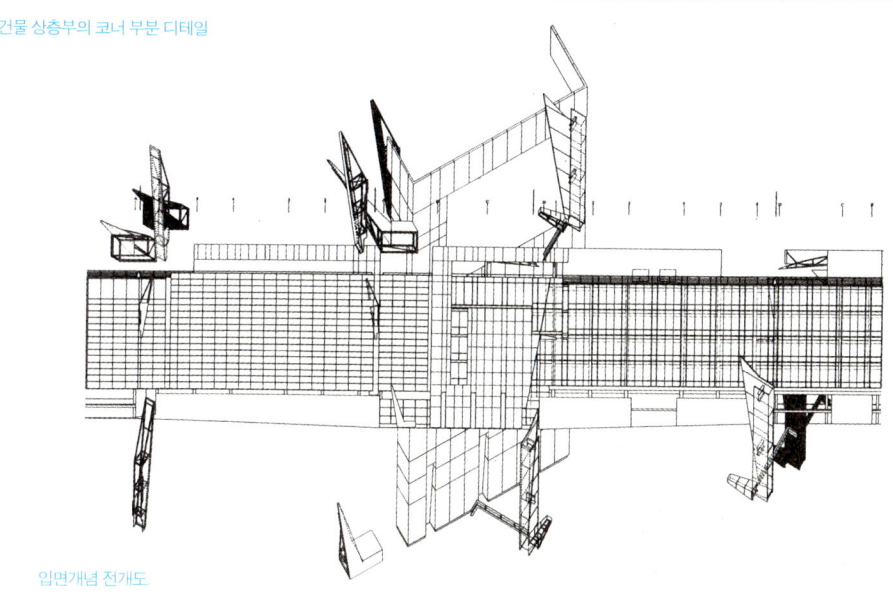
입면개념 전개도

우리가 처음 이 프로젝트를 받았을 때 본능적으로 느껴지는 아무런 특색 없는 건물에, 이 건물만이 가지고 있는 개인적이면서 정체성을 드러내는 그런 건물을 만들어야 겠다라는 거였어요.

건물의 육중함과 유리의 불투명함이 대비를 이루고 있다.

건물 출입구 디테일

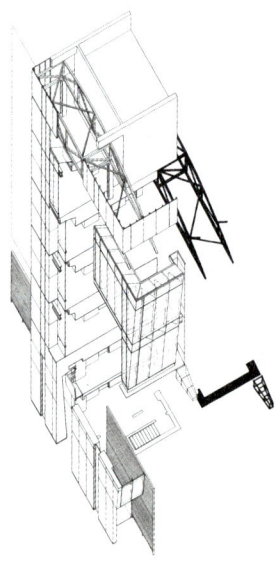

건물 상부 부분 디테일 전개도

건축의 조형적인 해결이나 입면의 구성의 결과는 아무런 이유 없이 나오는 것은 아니다. 모포시스 역시 이 프로젝트에서 많은 부분을 기존건물이 가지고 있는 물리적 상황에 빚을 지고 있다. 샐릭 헬스케어 본사 건물을 보면 건물의 상층부에는 수평적인 띠 모양 같은 가구조물이 올라가면서 동시에 상징적인 조형물 역할을 하고 있다. 이것은 기존건물의 코너 부분에 기계실이 위치하고 있어 기존 건물이 가지고 있는 입면을 그대로 유지하면서 발전시키려고 노력한 흔적임을 알 수 있다.

새로운 입면에 대한 연구를 통해서 기존의 보통 건물은 볼륨감 있는 대비와 입면의 다양성을 갖게 되었다. 원래의 건물은 2개의 박스로 나누어졌고, 각각의 부분은 서로 다른 껍데기를 가지게 되었다.

동쪽 부분은 투명한 공간으로써 솔라 플렉스(Solar Flex)라는 새로운 소재의 유리를 사용하였다. 이것은 투명하지만, 내부에서는 빛이 차단된다. 반대로 서쪽부분은 불투명 유리를 사용하여 검정 상자로 디자인되었다. 남쪽 입면의 슬롯은 건물의 나머지 부분으로부터 검정 상자가 분리되어 있는 것은 강하게 표현하고 있다. 남쪽 입면의 석회암 표면은 수직적 대비와 위엄 있는 정면을 연출시킨다.

내부의 가장 인상적인 부분은 1층의 출입구 부분과 6층의 리셉션 부분의 두 개의 공공 공간이다. 평범한 출입구는 주차장에서 직접 로비로 연결되는 출입구이지만 보행자들은 아주 특별한 출입구를 이용하게 된다. 보행자들은 거리에서부터 건물로부터 튀어나온 것처럼 보이는 높고 좁은 은색의 공간으로 들어오게 된다. 이것은 갤러리 작품의 일부이다. 6층의 리셉션 공간은 온통 유리로 둘러싸여 있고 로스앤젤레스시의 전경을 볼 수 있다.

이 혁신적인 리노베이션은 기존 건물의 재사용이라는 가능성에 대한 새로운 기대를 불러일으키기에 충분하다. 검정색 부분으로 처리된 서쪽 부분의 매스는 다분히 시적인 느낌을 던져주고 있다. 두개의 매스의 극렬한 대비, 서쪽 부분의 육중하게 보이는 검정색 매스와 동쪽 부분

↑ 건물 측면에 설치되어 있는 오브제는 시적인 느낌마저 던져준다.
→ 건물 상층부 디테일

의 투명한 유리는 강한 대비를 던져주고 있다. 시(詩)적으로 처리된 서쪽 부분의 구조물의 정확한 용도는 모르겠으나 검정색 바탕 위에 튀어나온 오브제는 건축의 구축성을 극도로 표현하는 듯하다.

    1991년 본관 건물이 완성되었고, 그 이후 1995년에 3층짜리 새 건물을 동일 도로상인 비벌리 블루버드 8150번지에 모포시스가 디자인하여 완공하였다. 이 책에 실린 사진은 본관 건물이다.

    디자인이 잘 된 건물을 구경하는 것은 행운이다. 또 훌륭한 건물의 내부를 구경하는 기회 역시 쉽게 찾아오는 것은 아니다. 이 건물은 공공 건물이 아니기 때문에 개인적으로 내부 구경을 하지 못한 아쉬움이 남아 있다. 사무실 용도의 건축에서 건축가는 주로 건물의 외피 디자인에 신경을 많이 쓰게 된다. 이 건물 역시 건축의 외피 구성에 심혈을 기울인 작품으로 생각된다. 이렇게라도 내부구경을 못한 아쉬움을 애써 달래본다.

04 에릭 오웬 모스 컬버 시티에서의 건축실험

컬버 시티를 점령하다

로스앤젤레스 다운타운에서 10번 고속도로를 타고 산타모니카로 가는 중간 길목에 컬버 시티(Culver City)라는 곳이 있다. 주로 공장지대와 물류 창고가 많은 지역으로 볼거리 없는 무미건조한 현대 산업도시였다. 그러나 1980년대 중반부터 컬버 시티에 새로운 건축현상이 나타나면서 건축계의 주목을 받기 시작했다. 디벨롭퍼의 전폭적인 지원에 힘입어 건축가 에릭 오웬 모스는 컬버 시티를 점령하기 시작하면서부터였다.

에릭 오웬 모스는 1943년 로스앤젤레스에서 출생하였다. UCLA에서 미술을 공부한 모스는 1965년 학부과정을 마치고, UC Berkely(캘리포니아 주립 대학, 버클리) 환경 대학원에서 건축을 전공한다. 1968년 버클리를 졸업하고, 하버드 디자인 대학원에 다시 입학하여 1974년 건축학 석사학위를 받는다. 그 후로 로스앤젤레스에 있는 SCI-ARC 의 건축 디

에릭 오웬 모스의 건축실험, 설치예술처럼 보여지는 파편들의 재조합, 1990.
8522 National Boulevard, Culver City

자인 교수와 학장을 지낸 바 있다. 1975년 에릭 오웬 모스 설계사무실을 개설하여 지금까지 건축 활동을 해오고 있다.

그의 경력에서 볼 수 있듯이 그의 작품은 다분히 미술적이며 조각적인 인상을 준다. 로스앤젤레스에서 태어나 버클리, 하버드에서 공부를 마치고 다시 돌아온 에릭 오웬 모스는 프랭크 게리를 중심으로 한 신진건축 그룹의 일원으로 활동해오고 있다. 초창기의 로스앤젤레스 신진건축 그룹 중에서 가장 빈약하게 보인 건축 작품은 아마 에릭 오웬 모스일 것이다. 필립 존슨이 그의 건축을 보고 쓰레기 같다고 한 것을 보면 건축가들에게도 별 관심을 갖지는 못한 것 같다. 그가 유명해지기 시작한 것은 1980년대 초반이었다.

역사적으로 보아도 무명 건축가가 유명 건축가로 돌아서는 계기는 있어왔다. 르 코르뷔제와 루이스 칸을 비롯해 라이트 역시 초창기에는 주목을 받지 못했다. 그렇다고 모스의 건축을 이러한 거장들의 건축 수준으로 높이 평가하는 것은 아니지만, 그 과정이 비슷하다는 것이다.

모스의 건축은 그 지방의 토착건물에 파편을 결합하는 토착성과 유클리드 기하학의 변형에 기초하여 디자인을 하고 있다. 값싼 건축재료, 손쉽게 구할 수 있는 기성 재료, 합판이나 금속류들의 일반적인 재료를 디자인에 사용하면서, 건물의 부지가 가지고 있는 토착성과 장소로서의 공간성을 그의 건축 개념과 연결시키고 있다. 모리스 딕슨의 비평에 의하면 모스의 작품은 파편의 조합에 나타나는 유클리드적인 형태를 정의하고 재결합함으로써 그의 생각을 펼쳐나가며, 동시에 건물 조직에서 평범한 지역 건물의 요소를 발견해낼 수 있다고 말한다.

모스의 작품에서 보여지는 파격적인 형태의 파편화는 보는 사람으로 하여금 거부감을 일으키게 한다. 장난처럼 보이기도 하고 금속류의 마감재료에서 보여지는 차가움은 일반 사람에게 어떻게 인식되어지는지 궁금하다. 모스는 그의 디자인 의도를 보는 사람들이 날카롭게 사물을 볼 수 있도록 하기 위해서라고 설명한다. 그의 작품을 보면 전체적으

사미토어Samitaur 개념스케치

불투명한 회색빛 색깔과 유클리드 기하학을 탈피하고자 몸부림치는 모스의 건축, 1990

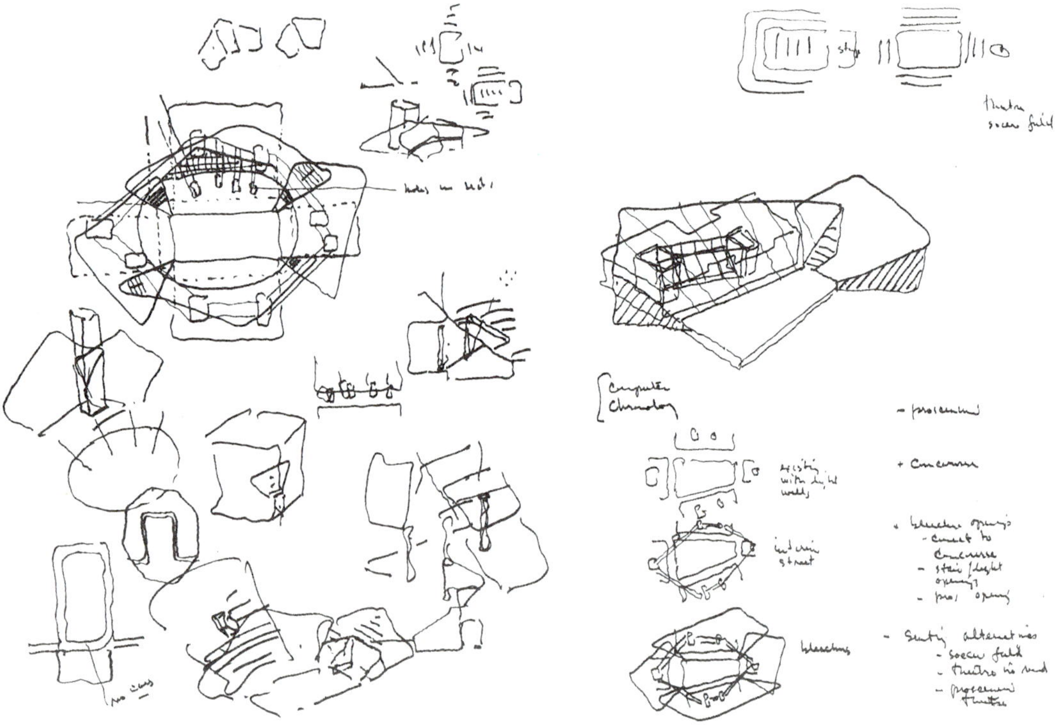

쿠바의 비하 광장 재개발 스케치
Plaza Vieja, Habana, Cuba

단순하고, 대칭적이고, 균형잡힌 건축을 거부한다.

로 진부하다. 이러한 진부한 형태의 큰 프레임 속에서 그는 풍부한 형태-공간적 사건을 삽입하고 있다. 그의 디자인은 진부한 컬버 시티의 가로 경관에 독특한 활력을 넣어준다는 점에서 도시에 기여하고 있다. 추상적인 조각 예술품을 건축과 같이 전시하고 있는 느낌을 준다.

파격적인 형태와 실험적인 에릭 오웬 모스의 건축에서 볼 수 있듯이, 모스는 현시대의 상식이나 통념에 대한 불신을 건축에 그대로 드러내고 또 직설적으로 표현하고 있다. 모스는 영원함을 찾는다거나 또 그것을 찾기 위한 끊임없는 시도들을 현대 사회에서는 필요 없는 짓이라고 말한다. 건축가 모스는 현대 사회의 모순, 이중성, 대립 그리고 문화의 계속된 진화 개념에 사로잡혀 건축하고 있다.

그의 건축에서 볼 수 있는 상이한 형태간의 결합은 곧 현대 사회가 안고 있는 모순된 것들을 혼성해놓은 것이다. 예를 들어 원뿔(Cone)형태와 원통(Cyliner)을 결합시킨 원뿔 실린더(Cocylinder)를 만드는 혼성의 건축을 한다. 사회의 모순뿐만 아니라 미래에 대한 불확실성을 건축에서 표현한다. 《블레이드 러너》에서 보여준 불확실한 미래의 모습은 앞에서 언급한 것처럼 건축을 비롯한 많은 분야에 영향을 미쳤는데, 모

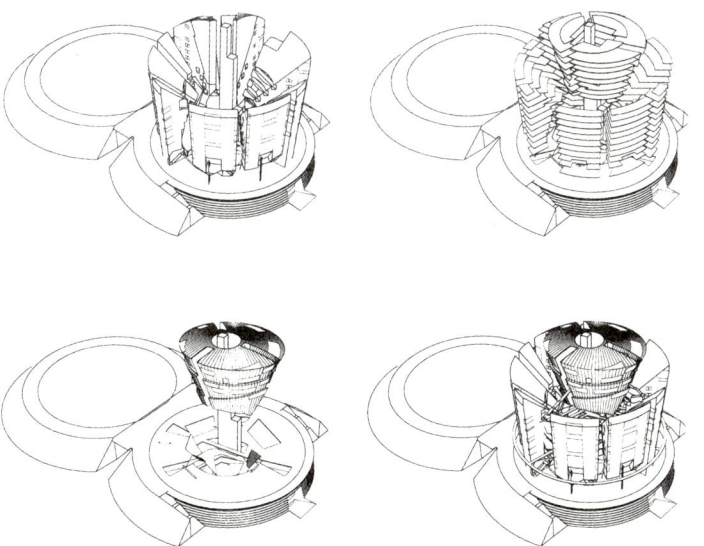

가스탱크 D-1 Gasometer D-1

스의 건축에서 볼 수 있는 회색빛 계통의 건축마감이나 우주선 모양의 건축 형태 역시 이러한 영향을 말해주는 것은 아닌지?

에릭 오웬 모스는 그의 복잡하고 이해하기 어려운 건축에 대해 다음과 같이 설명한다.

> 세상은 우리가 바라는 것처럼 그렇게 단순하거나 균형잡힌 곳이 아닙니다. 모든 프로젝트는 서술적이며 비유적인 방법으로 형태를 조작하거나 변환합니다. 나는 단일한 건축으로 사람의 마음을 단일하게 만들기 원치 않습니다. 단순하고, 단조롭고, 대칭이거나, 설명적이거나, 또 균형이 잡힌 건축을 거부합니다. 왜냐하면 우리의 현실이 그렇지 못하기 때문이죠.

에릭 오웬 모스의 설명을 읽을지라도 그의 건축을 이해하기란 쉽지 않은 것 같다. 어려운 건축을 애써 이해하려면 건축가가 무엇을 생각하는지 알아야 하지만, 건축가의 생각 자체가 어렵다는 더 이상 그의 사고를 좇아가기 어려운 것 또한 사실이다. 세상은 언제나 부정적인 측면과 긍정적인 측면이 공존한다. 에릭 오웬 모스의 건축을 세상의 모순에 대한 항변과 비판으로 읽으면 그의 건축이 조금은 더 쉽게 다가오지 않을까 생각한다.

건축가들의 디자인 영감은 어디서 오는가? 프랭크 게리는 미술계의 인사들과 교류를 통해 많은 영향을 받았다고 말한다. 모스는 건축을 뛰어넘어 카프카의 문학, 터너의 회화, 고대 그노시스의 철학, 융의 심리학적 원리 등 다양한 원천을 가지고 있다. 또한 조각가 헨리 무어의 해부학적인 영향을 받았다고도 한다. 모스의 건축은 전통적인 틀의 한계를 뛰어넘는 작업을 하고 있다. 안토니오 가우디를 존경하는 모스의 건축 세계는 긴장과 모순, 조화를 동시에 가지고 있다.

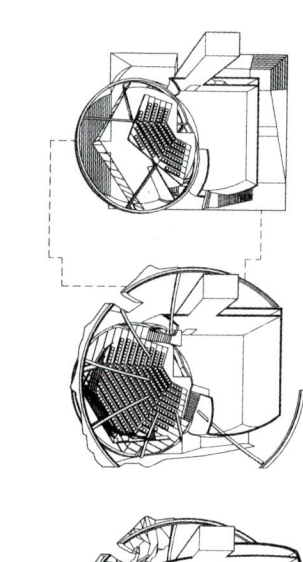
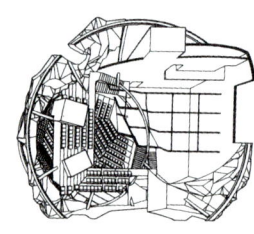
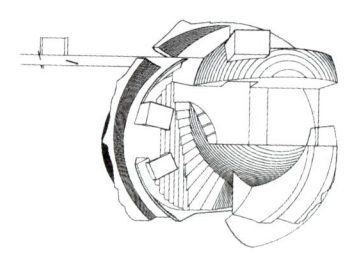

인스극장 Ince Theater의 계획안 전개도

인스 프로젝트_ 모스의 건축 비전

1987년부터 1990년까지 에릭 오웬 모스는 컬버 시티에 그의 건축적 비전을 세우기 시작하였다. '인스(Ince)'라 이름 붙여진 프로젝트는 네 가지 공통점을 가진 개발 프로젝트였다. 같은 건축주, 같은 건축가, 같은 용도 그리고 같은 주차장이 세 개의 개조된 창고들을 연결시키고 있다. 이 프로젝트는 에릭 오웬 모스와 프레드릭 노턴 스미스가 후원하는 컬버 시티가 함께 협력한 최초의 작품이다. 이 작품은 컬버 시티를 로스앤젤레스의 새로운 문화적 메카로 만들었다.

 인스 프로젝트는 로스앤젤레스의 광장 같은 공간 개념을 가지고 시작하였다. 사람보다는 자동차를 위해 만들어진 로스앤젤레스 광장은 도시의 건축을 가로변의 연속된 얼굴로 변형시키며, 또 거리에서 인지하기 쉽도록 지붕이나 타워 같은 건축적 요소를 사용하도록 만들었다.

 인스 프로젝트에 포함된 건축물은 게리 그룹 오피스 건물(Gary Group Office Building), 린드블레이드 타워(Lindblade Tower) 그리고 파라마운트 세탁소 건물(Paramount Laundry Building)이다. 이 건물들은 에릭 오웬 모스의 대표적인 작품이라 할 수 있으며 동시에 컬버 시티의 풍부한 건축적 풍경을 만들어내고 있는 대표적인 공간이다.

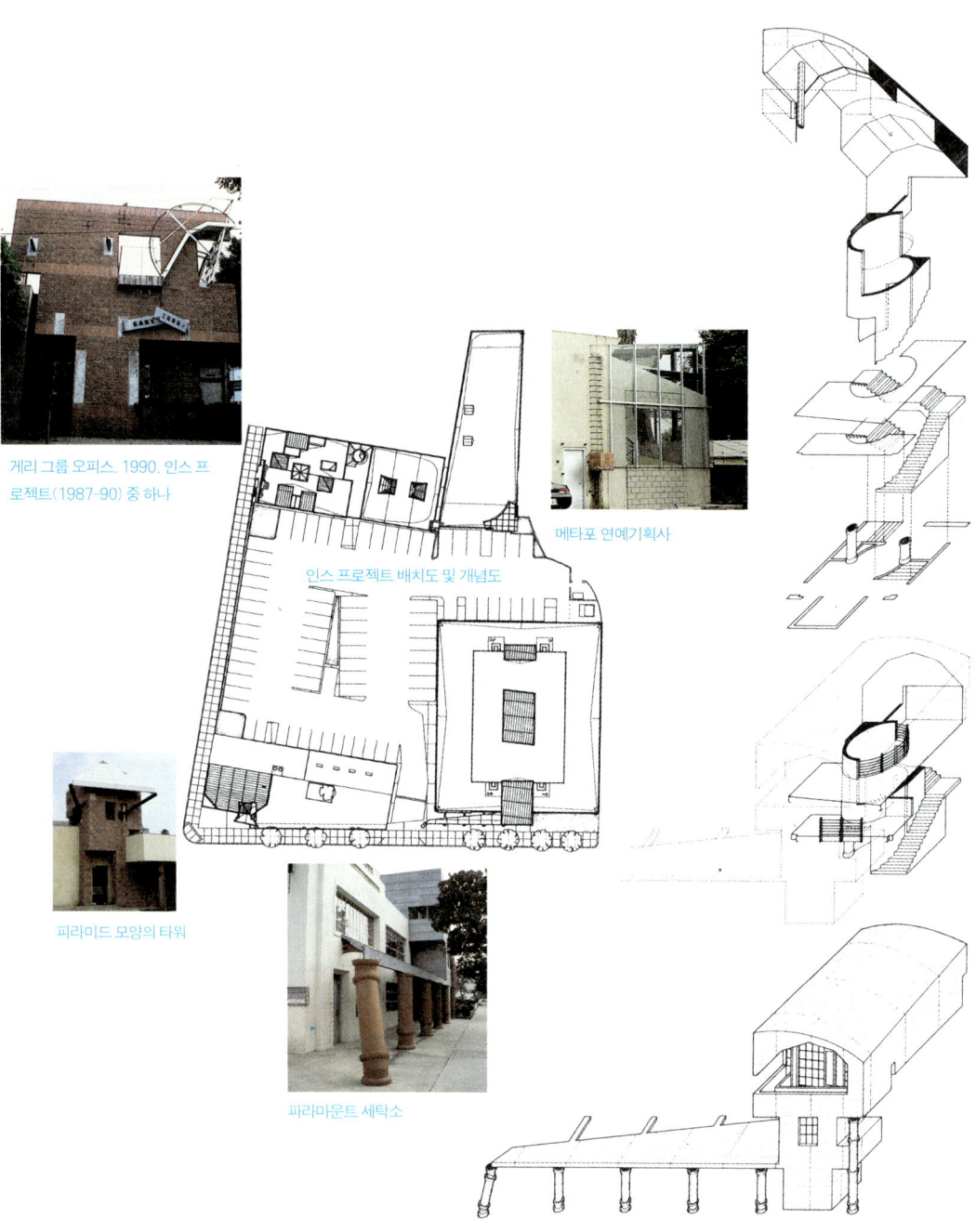

게리 그룹 오피스. 1990. 인스 프 로젝트(1987-90) 중 하나

메타포 연예기획사

인스 프로젝트 배치도 및 개념도

피라미드 모양의 타워

파라마운트 세탁소

하늘로 향하는 계단_ 게리 그룹 오피스

개인적인 답사형식의 글이 가진 한계는 건축 작품에 대한 모든 정보를 제공할 수 없다는 점인데, 이는 답사를 하다보면 사적인 건물의 내부를 모두 볼 수 없어 내부에 대한 사진과 감상을 적을 수 없기 때문이다. 내가 답사한 에릭 오웬 모스의 건물은 어쩔 수 없이 외부에 관한 건축적 내용만 언급하게 됨을 이해해주기 바란다.

건물에는 두 개의 주 입면이 있다. 린드블레이드 거리(Lindblade Street)에서 바라보는 건물의 얼굴은 옆의 벽에 기대어진 뚫리고 경사진 벽돌 벽이다. 잘려진 표시와 복잡한 모양들은 장식의 효과를 나타내고 있다. 주차장을 향하고 있는 건물의 표피는 보수주의자와 진보주의자의 충돌을 표현하고 있는 것 같다. 체인, 바퀴, 선, 아크릴 패널, 철근 그리고 콘크리트 박스들이 입면을 장식하고 있다. 이는 에릭 오웬 모스를 대표하는 건축적 장면인데, 일반인의 눈으로 본다면 이러한 체인과 바

게리 그룹 오피스Gary Group Office Building, 1990, 컬버 시티. 오피스 모퉁이의 벽면은 경사지게 잘려나가고 외부는 유리가 감싸고 있다. 9046 Lindblade Street, Culver City, CA.

벽을 기어오르는 사다리와 체인들

퀴 같은 것을 왜 사용했는지 도무지 이해할 수 없는 풍경들이다. 콘크리트 박스는 조경을 위해 단순하게 처리했다. 벽을 기어올라가는 것 같은 철근 사다리는 관목이 사다리를 밟고 올라갈 수 있기 위한 용도로 만들었다 하는데, 내가 본 바로는 풀 한포기조차 살지 않고 있었다.

콘크리트 벽 오른쪽으로 보이는 유리 모서리 부분은 인스 프로젝트의 네 번째 건물이라고 한다. '메타포'라는 연예기획사가 사용한다 하여 '메타포'라 불려지는데, 이 모서리 부분은 메타포의 핵심적인 분야이다. 모서리 부분을 자세히 보면 마치 프랭크 게리 하우스의 모서리 부분이 연상된다. 모서리에 계단이 있어 건물을 사용하는 사람들에게 편리한 공간임에 틀림없을 것이다. 으레 계단공간은 어두워 단순히 이동의 기능만을 수행하는데, 이곳은 시원하게 개방되어 자연의 빛이 그

모서리 부분의 개방된 계단

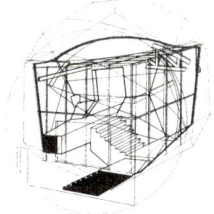

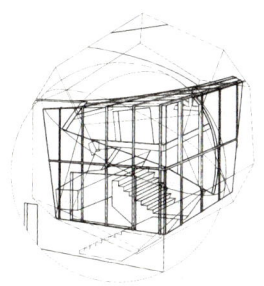

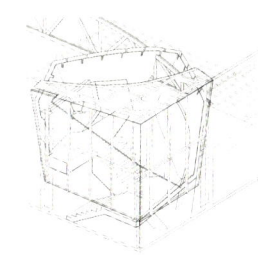

메타포 연예기획사 모서리 부분 개념 전개도

대로 건물 내부로 들어오는 즐거움을 주고 있다.

    인스 프로젝트 건물을 답사하면 어느 건물이 무슨 프로젝트인지 구분을 할 수 없다. 건물이 모두 이어져 있기 때문에 더욱 그러한데, 그 중에서도 눈에 쉽게 들어오는 것이 바로 타워이다. 그리 높은 타워는 아닌데, 다른 주변 건물보다 다소 높아서 눈에 쉽게 띈다.

    1940년에 지어진 창고를 리노베이션하면서 건물의 입구로써 타워가 만들어졌다. 타워의 피라미드 모양의 지붕은 잘려나갔고, 고속도로를 향해 방향이 틀어졌다. 밖에서 보면 마치 벽 같고, 안쪽에서 보면 기둥 같은 느낌이다. 자세히 보면 타워 지붕이 유리로 되어 있는 것을 볼 수 있는데, 이는 타워 전체를 관통하는 스카이 라이트이다.

    타워의 머리 부분의 피라미드 지붕은 특이한 형태를 하고 있다. 어색하게 보이는 이 지붕은 마치 개구리가 건물에 달라붙어 있는 것처럼

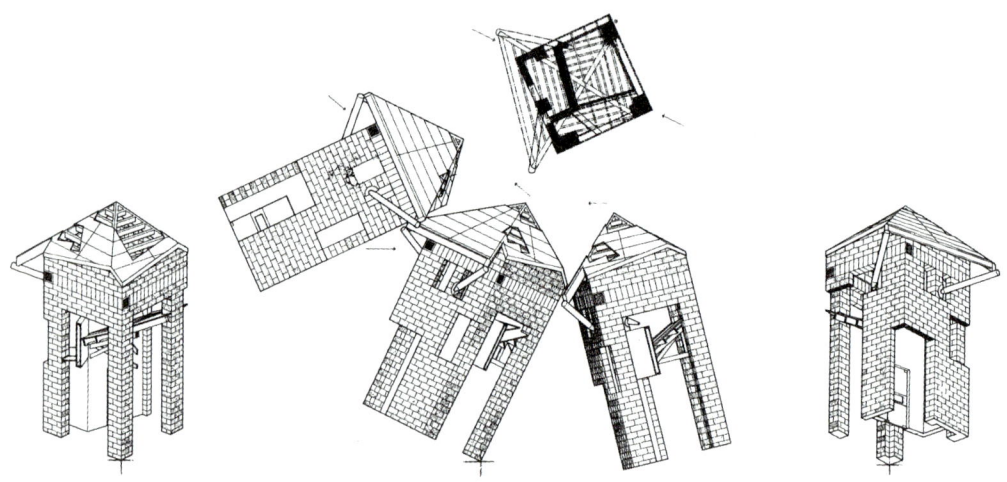

피라미드 지붕 형상을 하고 있는 타워 전개도

피라미드 모양의 타워

두개의 철로 된 다리가 붉은 벽 위에 얹혀 있다. 우스꽝스럽게 보이는
이 타워는 자연스럽게 파라마운트 세탁소 건물로 이어진다.

기둥의 실체_ 파라마운트 세탁소

가로에 세워진 붉은색 기둥을 그저 관심 없는 눈으로 보면 일반적인 건물의 기둥처럼 보일 것이다. 헌데 기둥이 이상하다. 반이 없다. 바깥에서 보면 온전한 기둥처럼 보이는데, 알고 보니 그 뒤는 없어졌다. 에릭 오웬 모스의 건축적 유머인가? 아니면 의도적 장난인가? 그 기둥은 콘크리트로 채워진 하수관이다.

이 건물은 1940년에 지어진 창고를 리노베이션한 것인데, 2층이 증축되면서 3층의 두 부분과 새로운 차양과 로비가 만들어졌다. 둥근 천장이 건물의 새로운 요소로, 지붕을 관통하면서 새로운 생명력을 불러일으키고 있다. 재료와 건물의 형태는 직선적으로 처리된 건물과 대조적인 분위기를 연출하고 있다. 특히 도려내진 것 같은 상층부 형태는 더욱 그러하다.

파라마운트 세탁소 Paramount Laundry Building 전경. 붉은색 하수관 기둥이 눈에 들어온다.
3960 Ince Boulevard, Culver City, CA. 90232.

도려진 듯한 건물의 상층부

기둥이 외부의 차양을 받치고 있다. 기둥 하나는 마치 주차장의 입구를 말해주듯이 구부러져 있다. 칼로 도려낸 것처럼 보이는 기둥의 속살들은 우리에게 기둥의 실체를 보여주고 있다. 기둥 안은 콘크리트로 채워져 있고, 그 바깥엔 속살을 감추기라도 하듯 피부가 있다. 이건 아무리 생각해도 에릭 오웬 모스의 유머이다.

솔직하게 말하자면 에릭 오웬 모스의 건물을 구경하고 평하기란 심기가 불편할 수밖에 없다. 왜냐하면 그의 건축을 이해하기란 쉽지 않기 때문이다. 흔히 볼 수 있는 기하학적인 건물도 아니고, 이상한 형태와 알 수 없는 장식들 그리고 여기저기에 사용되어진 이상한 디테일들은 보는 사람으로 하여금 호기심을 자극하기도 하지만 이해할 수 없는 답답함을 동시에 제공한다. 그의 건축은 외계에서 온 것 같기만 하다. 이것은 에릭 오웬 모스가 꿈꾸어 온 미래의 건축인가? 필자의 지적 무지함을 모스의 건물을 통해 여실히 드러내버려 내심 불편하다. 모스의 건축을 이 책에서 꼭 선보여야만 하는지에 대해서도 쉽게 답을 내릴 수 없다.

콘크리트로 채워진 기둥의 속살들이 보인다.

144
에릭 오웬 모스
컬버 시티에서의 건축실험

05 리처드 마이어 게티 성을 올라가다

게티 센터에 들어서다

　로스앤젤레스 현대 건축에서 게티 센터를 구경하지 못했다면 건축을 공부한 사람으로서 애석할 수밖에 없다. 로스앤젤레스를 가는 사람에게 나는 항상 게티 센터를 구경하라고 말한다. 사람마다 사는 방식이 다르고 취향이 다르다 하나 세계적인 미술품이 소장된 문화공간을 그냥 지나쳐버린다는 것은 과거 역사와 사람들에 대한 모독이 아닐 수 없다. 설령 미술을 좋아하지 않는다 해도 게티 센터를 가보길 권한다. 언덕 위에서 내려다보는 로스앤젤레스의 풍경은 캘리포니아가 이런 곳이구나라는 것을 느끼게 만들어 줄 것이다.

　게티 센터라는 건축 프로젝트 뒤엔 여러 가지 놀라운 사실들이 있다. 20세기 역사상 한 개인 건축가에게 부여된 최대 건축 프로젝트인 게티 센터는 대지가 약 36만 7천 평에 이르며, 건축 면적이 13만 4천여 평

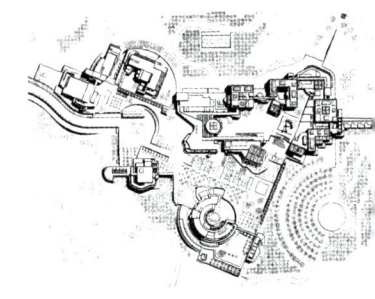

↑ 게티 센터의 배치도
↓ 산 정상 위에 위치한 게티 센터에 오르면 로스앤젤레스가 한눈에 들어온다.

리처드 마이어
게티 성을 올라가다

에 달한다. 30평 아파트가 무려 4천 460여 채가 있는 셈이다. 대지와 건축규모에 상응하는 공사비 또한 엄청나다. 무려 10억 달러(1조 2천억 원)에 이르는 건축비는 공공기관에서도 건설하기 힘든 거대한 규모이다. 놀라운 것은 게티 미술관이 공공기관이 아닌 사립기관이며 더욱 더 놀라운 것은 입장료가 무료라는 것이다. 일반적으로 미술관 입장료는 5~10달러 정도 하지만, 게티 센터는 무료이다. 입장료 때문에 미술관 가기를 망설인 사람이 있다면 주저하지 말고 방문하기 바란다.

게티 센터는 산타모니카와 UCLA가 있는 웨스트우드 인근에 서 있다. 태평양을 옆에 끼고 남북으로 달리는 405번 고속도로를 타고 북쪽으로 올라가다보면 왼편 산 정상에 있는 게티 센터를 쉽게 찾아볼 수 있다. 대부분의 미국 도시가 그렇듯이 게티 센터로 가는 대중교통이 그리 좋은 편은 아니어서 그곳을 가려면 자동차로 이동하거나 시내버스를 타야 한다. 대중교통편은 로스앤젤레스 시내에서는 561번을, 산타모니

게티 센터에서 바라본 로스앤젤레스 지역

카에서는 빅 블루 버스 14번을 타면 게티 센터에 갈 수 있다. 로스앤젤레스 관광안내 서적을 참조하는 것이 더 빠를지도 모르겠지만, 자세한 교통편 안내는 게티 센터 웹사이트 http://www.getty.edu를 이용하기 바란다.

우리가 궁금해하는 것 중 하나는 이 엄청난 미술관을 누가 설립했는가이다. 건물을 설계한 건축가가 아니라 누가 이 미술관을 소유하고 있는가이다. 게티 센터이니 분명 게티라는 사람이 이 미술관과 관련이 있을 것이라는 짐작을 여러분도 했을 것이다. 폴 게티(J. Paul Getty, 1893~1976)라는 미국의 석유재벌이 미술품을 하나하나 수집하기 시작한 것이 오늘의 게티 센터에 이른다. 그리스, 로마 미술품을 비롯하여 시대를 망라하는 서양의 모든 미술품이 소장되어 있다. 1997년 12월에 문을 연 게티 센터는 세 번째 게티미술관인 셈인데, 첫 번째 게티 미술관은 게티 저택이었고, 계속해서 소장품이 증가하자 로마시대의 빌라형식 게티 미술관을 지어 게티 센터가 완공되기 전까지 그곳에서 전시되었다. 1984년부터 1997년까지 무려 13년이라는 설계 및 공사기간을 거쳐 마침내 게티 가문의 모든 미술소장품이 이곳으로 옮겨오게 되었다.

대부분의 사립 미술관의 시작이 게티 센터와 비슷하다. 성공한 사

뉴욕의 메트로폴리탄 뮤지엄

업가나 재력가가 미술품이나 조각에 관심을 가지고 하나 둘 소장하기 시작한 것이 말년에는 미술관을 지어 그곳에 영구전시한 것이 미국 사립 미술관의 특색이다.

　게티 센터는 그동안 동부 중심의 미국 미술관의 흐름을 바꿔놓은 계기가 되었다. 미국의 3대 미술관으로 꼽히는 뉴욕의 메트로폴리탄 미술관과 보스톤 미술관은 동부 지역에 있고, 세 번째인 시카고 미술관은 미국의 북부 지역에 있다. 사실 로스앤젤레스는 헐리우드라는 강한 상징성 때문에 전통예술에 대한 자존심보다는 대중예술의 본거지로 인식되어왔다. 하지만 1997년 게티 센터가 문을 연 이후 서부 지역의 문화의 자존심을 세운 계기가 되었다. 단순한 전시뿐만 아니라, 연구, 교육 그리고 보존기능까지 갖춘 종합문화센터로서의 게티 센터는 로스앤젤레스에 새로운 문화를 만든 계기가 되었다. 다양한 기능이 추가된 종합문화단지로서의 게티 센터는 21세기의 새로운 미술관 모델이라는 지평을 열게 되었다.

리처드 마이어가 설계하다

　게티 센터를 설계한 사람은 미국 건축가 리처드 마이어(Richard Meier)이다. 그는 1934년 뉴욕 주 뉴저지에서 태어나 1957년 코넬 대학에서 건축 학사를 받았으며, SOM를 비롯하여 여러 사무실에서 실무를 쌓은 후 1963년 뉴욕에 자신의 설계사무실을 개설하였고, 현재는 뉴욕과 로스앤젤레스 사무실 두 곳이 있다. 주택을 비롯하여 의료시설, 교육시설, 미술관, 사무실 빌딩 등 수많은 건축 작품을 설계하였다. 마이어는 1984년 프리츠커 상을 수상하면서 동시에 게티 센터 프로젝트를 맡게 된다. 다수의 상을 비롯해 1989년에는 영국의 왕립건축학회로부터 금메달을 수상한 바 있다. 미국은 물론 유럽에서도 왕성한 건축 활동을 하고 있는 세계적인 건축가이다.

마이어의 건축 배경을 알아보기 위해서는 뉴욕 파이브(New York 5)부터 더듬어 올라가야 한다. 1960년대에 결성된 이 그룹은 유럽에서 전위 건축가들이 성취한 것처럼 활력 있고 이념적인 이론적 기반을 미국에 부흥시키려는 시도로 보여진다. 피터 아이젠만, 존 헤이덕, 찰스 과스메이, 마이클 그레이브스 그리고 마이어가 뉴욕 파이브의 멤버였다. 이 중 아이젠만과 헤이덕은 극단적인 전위적 미학에 바탕을 둔 작품 활동을 하였고, 나머지 세 사람은 그들의 디자인 출발점을 르 코르뷔제의 합리주의로 채택하였다. 일명 '화이트 파'로 불려진 뉴욕 파이브는 르 코르뷔제의 초기 합리주의로 돌아가면서 동시에 모더니즘의 엄격함, 이지적인 구조체계, 순수함, 유토피아적인 관념, 추상화 그리고 시적인 건축을 창조하려고 하였다. 슐츠에 의하면, 마이어는 구조체 자체를 순수하게 공간 구성의 모체로 인식함으로써 근대 건축이 표방한 기능적, 실용적 공간을 창조하고 있다. 케네스 프램튼은 마이어를 뉴욕 파이브 멤버 중에서 가장 도시형 건축가라고 평하고 있다.

마이어는 아틀랜타 미술관(1980-83)과 프랑크푸르트 미술관(1979-84)을 계기로 국제적인 건축가의 반열에 오르게 된다. 마이어의 건축 세계는 뉴욕 파이브 시절 이후로 지금까지 디자인의 일관성을 유지하고 있다. 1980년대의 포스트 모더니즘 그리고 해체주의로 이어지는 혼성의 건축 흐름 속에서도 전혀 영향을 받지 않은 마이어는 지금까지 일관된 그의 건축 세계를 구현해오고 있다. 현재 마이어는 세계적으로 영향력 있는 건축가임에 틀림없으며, 미국에서도 대중적인 인기를 누리고 있다.

마이어의 "백색" 주택은 그가 탁월한 건축 구상의 천재임을 보여준다. 특히 그의 건축에서 보여지는 외부계단의 노출은 마이어 디자인의 전략의 중요한 부분 중에 하나임에 틀림없다. 즉 계단의 외부노출은 내부에만 있었던 건축요소를 바깥으로 드러내어 그만의 건축색깔을 보

**EISENMAN
GRAVES
GWATHMEY
HEJDUK
MEIER**

뉴욕 파이브의『파이브 아키텍츠 Five Architects』의 표지 커버

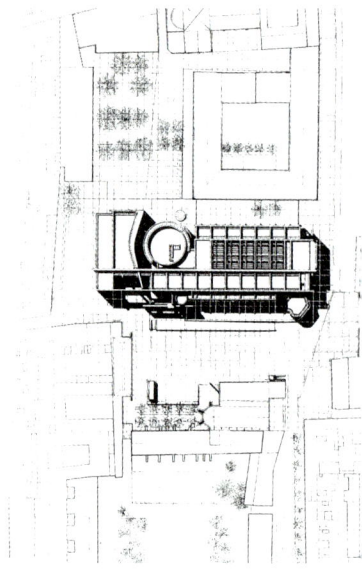

바르셀로나 현대 미술관 Museum of Contemporary Art, 1995, 스페인 바르셀로나

여주고 있다. 그는 백색 찬미론자이자 완벽주의자이다. 그는 백색미학에 대해 이렇게 말한다.

백색은 가장 아름다운 색이며, 항상 빛에 의해 전달되고 있다. 다른 색은 그들의 배경에 의존해 상대적 가치를 지니고 있지만, 백색은 절대성을 간직하고 있다. 백색은 가장 인상적인 색채이므로 나의 작업에서 가장 개성적인 특성을 내포하고 있다.

그의 작품집을 보면 사람이 등장하지 않는다. 백색의 완벽성, 절대

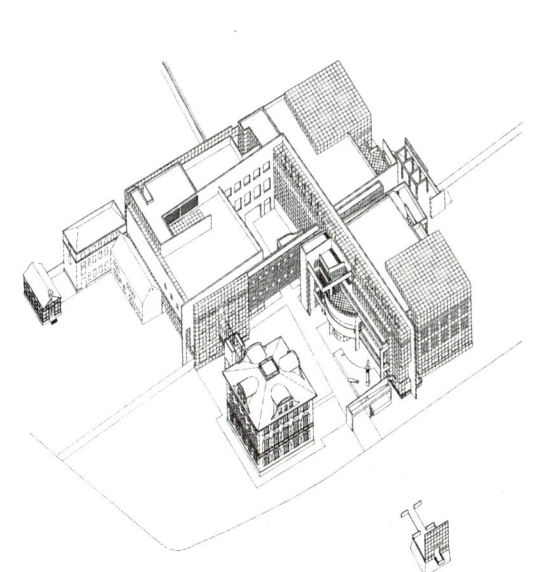

↑ 프랑크푸르트 미술관 Museum for the Decorative Arts 엑소노메트릭, 1984, 프랑크푸르트, 독일

→ 게티 센터. 외부계단의 노출은 마이어의 주요 디자인 기법 중 하나이다.

성을 신봉하며, 건축을 추상으로 인식하는 마이어의 건축관 때문이다.

마이어는 건축의 파편화와 추상화의 형식을 빌린 네오 모더니스트로 분류된다. 마이어의 건축어휘는 르 코르뷔제의 영향을 받고 있다. 그의 건축에 항상 등장하는 경사로와 피로티, 그리드 그리고 형태 구성 방법에서 보여지는 수법은 르 코르뷔제의 흔적이다. 그의 건축적 특징은 벽면들의 심층적인 공간구성, 투명성, 파편화된 조각적인 그리드, 상호 침투된 램프, 다양한 밝기를 가지고 있는 공간구성, 기하학적인 평면 구성 등으로 나누어 볼 수 있다.

낭만적인 모더니스트 마이어는 명료하면서도 복합적이고 세련되면서도 힘이 넘치며, 합리적이면서 또한 시적인 것이 특징이다. 그의 건축은 고전적이면서도 현대적인 느낌을 가지고 있다. 그는 자신의 전 경

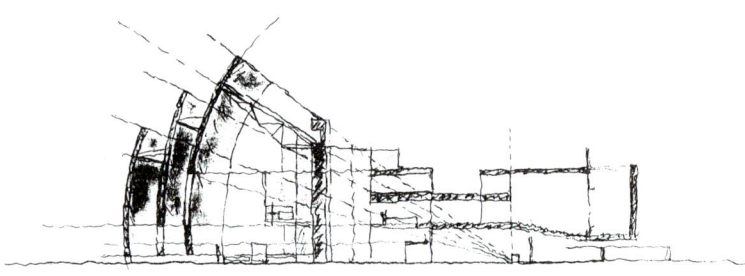

↑ 2000년 교회 Church of the Year 2000 스케치, 이탈리아, 로마
← 원뿔형 매스의 형태는 르 코르뷔제를 연상시킨다. 게티 센터

고전과 현대가 어울린 모더니즘의 시학를 느끼게 하는 장면이다. 게티 센터

력을 통해 똑같은 주제를 일관되게 반복하는데, 모더니즘의 시학, 테크놀러지의 아름다움과 실용성을 구현하고 있다. 그에 따르면, 건축은 하나의 전통이며 기나긴 연속체로서, 전통과 단절하든지 아니면 이를 강화하든지 선택을 해야 한다는 것이다. 하지만 우리는 여전히 전통과 연결되어 있다는 것이다. 자신의 작업은 건축의 숨겨진 존재하지 않을지도 모르는 질서를 찾아내어 다시 정의하고, 어떤 용도나 의미를 부여하기 위한 시도라고 말한다.

그가 말하는 전통의 출발점이 어디인지가 궁금하다. 아마 르 코르뷔제가 마이어 건축 전통의 출발점인지도 모른다. 뉴욕 파이브의 주요 멤버의 건축 흐름을 보면 마이어만 일관된 스타일을 고집하면서 작업해오고 있다. 이를 통해 그가 현재 건축을 구현하고 있는 그의 건축 세계가 얼마나 확신에 차 있는지 알 수 있다.

게티 센터에는 무엇이 있는가?

게티 센터 건물군은 주 기능인 미술관 이외에 미술 교육 센터(Getty Center for Education in the Arts), 미술사 및 인문 연구 센터(Getty Center for the History of Arts and Humanities), 게티 보존처리연구소(Getty Conservation Institute), 게티 미술사 정보 프로그램(Getty Art History Information Program), 게티 재단(Getty Trust), 식당 및 카페 및 강당(Auditorium) 그리고 야외정원 등의 여러 시설들을 포함한 건물들로 구성되어 있다.

15여 개의 건물들이 한데 어우러진 대규모 건축단지인 게티 센터는 그 건축규모와 외부공간이 장대하다. 게티 센터는 미술관의 주 전시 기능과 함께 다양한 기능이 복합적으로 구성되어 있다. 14개의 전시실에는 그리스, 로마 시대의 조각을 비롯하여 중세 및 르네상스 시대의 회

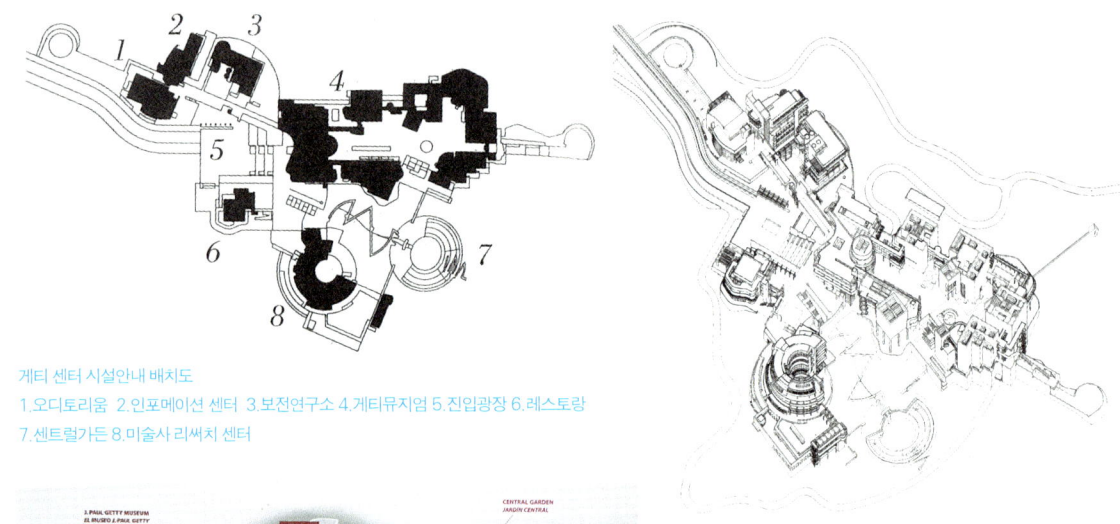

게티 센터 시설안내 배치도
1.오디토리움 2.인포메이션 센터 3.보전연구소 4.게티뮤지엄 5.진입광장 6.레스토랑
7.센트럴가든 8.미술사 리써치 센터

게티 센터의 엑소노메트릭

게티 센터 건물군 안내지도

화작품들, 근대 미술작품 그리고 현대 미술품에 이르기까지 세계적인 문화유산이 다양하게 전시되어 있다. 전시실 외에 게티 문화보존 연구소와 게티 예술교육 연구소 그리고 게티 연구지원금 프로그램이 운영 중이다. 또한 프랑스 루브르 박물관과 협력하여 인류 문화예술품을 보존하고 연구하는 문화과학기지 역할을 하고 있다. 연구 지원 프로그램은 무려 7백만 달러(84억 원)라는 어마어마한 연구예산을 편성하여 전 세계 1백여 개 국의 예술 프로그램을 지원한다고 한다.

한마디로 게티 센터는 하나의 문화도시이다. 전시와 교육 그리고

게티 센터 미술사 및 인문 연구센터 전경

보존연구와 예술 프로그램은 전시기능만을 수행하는 정적인 장소로 굳어질 미술관을 살아 있는 문화적 교육장소로 만들고 있다. 일반 시민들의 적극적인 참여를 위해 파격적으로 입장료를 받지 않는 게티 센터는 정기적으로 다양한 미술 및 문화 강연회를 개최하고 있으며 강연회 또한 무료로 실시되고 있으니 로스앤젤레스에 사는 사람에게는 좋은 기회가 아닐 수 없다. 건축과 어우러진 야외정원에서는 철 따라 피는 자연을 즐길 수 있어 가족 주말 나들이에 더할 나위 없이 좋은 곳이다.

한 개인의 예술에 대한 사랑과 열정의 시작이 이렇게 엄청난 파워를 가질 줄 누가 알았겠는가? 하나의 밀알이 풍성한 열매를 맺은 것이다. 수많은 관광객이 매일 방문하는 문화센터 그리고 어린이와 청소년의 문화교육장소 활용되고 있는 게티 센터는 분명 로스앤젤레스의 자존심이자 캘리포니아의 문화기지이다.

세련된 곡선과 깔끔함을 보여주는 게티 센터
오디토리움 디테일

현대 추상건축의 정수

마이어의 건축을 답사해본 사람이라면 그의 건축적 풍경과 맛을 알고 있을 것이다. 그의 건축을 한마디로 표현한다면 완벽함, 깔끔함, 추상, 백색미, 콜라주, 모던, 기하학 그리고 절제미라고 할 수 있을 것이다. 어떤 비평가는 '병원'이라는 단어로 마이어 건축을 비판하기도 한다. 너무 깔끔하고, 금속처럼 매끄럽고 차가워서 마치 병원 같은 느낌이 든다는 것인데, 너무나 추상적이어서 일상적인 주변건물과 어울리지 못하는 점을 그렇게 표현했을 것이다. 분명 그의 건축은 범상치 않다.

마이어의 건축적 완성도를 가장 가까이, 많이 살펴볼 수 있는 곳이 게티 센터이다. 1970년대 주택작품을 시작으로 그의 건축 세계를 구현한 이래 1980년대 이후에는 대형 공공건물을 설계하기에 이른 마이어는 게티 센터를 절정으로 그의 건축 경력은 최전성기를 달리게 된다.

게티 센터의 특징은 무엇인가? 게티 센터에 도착하여 산 정상으로 방문객을 실어주고 있는 무인 트램을 타는 순간 저 멀리 보이는 부드럽고 세련된 곡선지붕이 방문객을 맞이한다. 마이어의 건축에 항상 등장하는 밝은 회색의 에나멜로 표면처리된 알루미늄 패널과 그의 건축에 처음으로 등장한 베이지 색의 트라버틴(toravertine) 돌들 그리고 철과 유리, 크게 보면 네 가지 건축재료로 구성된 게티 센터를 보게 되는데, 알

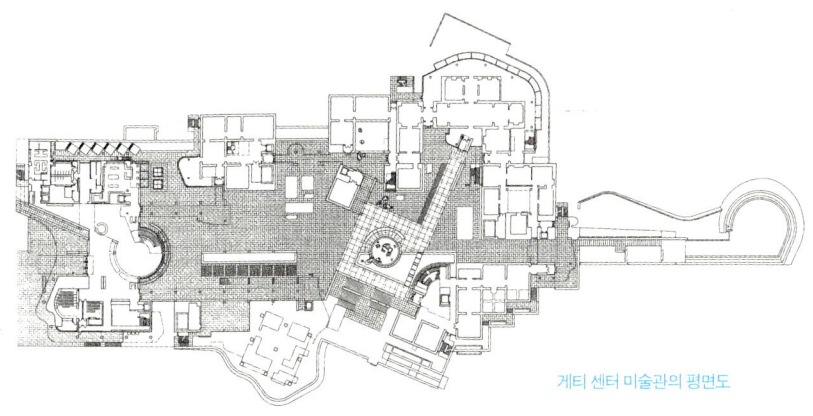

게티 센터 미술관의 평면도

무인트램과 정거장 모습. 무인트램이 방문객을 게티 센터까지 실어준다.

루미늄 패널과 돌은 모두 모듈화(30inch, 76cm)되어 그리드를 구성하고 있다. 모든 건물이 각각 흩어져 보이지만 이 그리드 체계가 게티 센터를 하나로 묶어주는 역할을 하고 있다는 것을 감지할 수 있다. 큰 틀 안에서의 자유분방함을 보여주는 것이다.

잠시, 게티 센터에서 가장 돋보이는 주 건축마감재료인 트라버틴이라는 돌에 대해 알아보자. 트라버틴 대리석(Travertine Marble)이라 불리는 이 돌은 이탈리아 티볼리(Tivoli) 지방으로부터 수입한 것인데, 이 돌의 특성은 다음과 같다.

트라버틴은 쉽게 말하면 돌의 생성 과정으로 보아 우리 나라에서 가장 흔한 화강암과 매끄럽고 치밀한 대리석의 중간 단계에 해당하는 돌이다. 부드러운 베이지와 흙색이 적당히 섞이고 대리석에 가깝게 표면을 다듬을 수도 있어 바닥재로 사용하였을 경우 매끄럽다. 그러나 건물 표면의 벽으로 사용하였을 경우에는 크레프트 컷(cleft cut) 방법으로 자연의 결을 따라 갈라지도록 쪼개서 거친 표면에 나뭇잎, 짐승의 발자국 등의 화석이 그대로 남아 있는 것도 볼 수 있다. 이 센터의 건물들은 원통형, 입방체 그리고 인체의 곡선이나 그랜드 피

이탈리아 현지에서 수입한 트라버틴 대리석

아노의 곡선을 연상하게 하는 부드러운 자유형의 조합으로 배합되어 있는 것도 특기할 만하다. (이성미, 2004)

부드러운 베이지 색의 트라버틴 돌은 가공하는 방법에 따라 자연석처럼 거칠게 만들기도 하고, 대리석처럼 매끄럽게 처리할 수 있다. 화석처리된 트래버틴 돌은 남가주 지방의 빛을 소화하는 데 매우 적절하다고 한다. 아침 햇살은 반사하고 오후엔 따뜻한 분위기를 방출한다. 무려 1만 6천 톤의 돌이 수입되었고, 120만 ft²(약 30만 평)가 벽면으로 소요되었다. 마이어와 그의 스탭들은 현지 채석장 사람들과 함께 돌 채취에 관한 방법과 어떻게 하면 돌을 독특하게 채석할지에 대한 연구를 했다고 한다. 게티 센터 벽에 마감된 돌의 표면을 보면 때로는 매우 매끄럽게 때로는 매우 거칠며 또 나뭇잎이나 짐승의 깃털 그리고 동물 발자국이 드러난 것을 엿볼 수 있다.

마이어가 이 돌을 게티 센터에 선정한 이유는 공공성을 띤 게티 센터의 여러 가지 특색을 표현하기 위해서이다. 영원성, 단순성, 견고함, 따뜻함 그리고 장인정신을 이 돌을 통해서 보여주고 싶었던 것이다. 마이어의 건축에 백색 일변도의 기하학적 추상성이 강하게 드러나기 때문에 일반적으로 마이어의 건축을 역사적 단절로 보지만 더 깊이 연구해보면 마이어의 건축은 주변의 상황과 조건을 만족시키는 해법을 구사하고 있다는 것을 발견하게 된다.

마이어의 건축은 늘 주어진 환경과의 대화로부터 시작한다. 게티 센터가 자리잡은 자연과 건축을 연계해보면 그가 선정한 재료의 타당성을 알 수 있다. 마이어는 게티 센터에 대한 건축적 해결을 이렇게 말한다.

게티 센터의 대지인 거친 자연을 보는 순간 저는 고전적인 건축의 구조미를 보게 되었습니다. 우아함과 영원성, 떠오르는 모습과 평온함 그리고 아리스토

돌의 가공방법에 따라 거침과 매끄러움이 달라진다.

텔레스 같은 이상미(理想美)같은 것을 대지의 경관(Landscape)으로부터 느끼게 되었습니다. 때로는 대지의 경관이 모든 것을 지배해버리는 일도 있고, 건축 같은 구조물이 대지경관을 지배해버리는 일도 보아왔습니다. 이 두 가지, 건축과 대지가 가지고 있는 경관은 결코 서로 뒤엉켜 싸우고 갈등하는 것이 아니라 둘이 하나가 되어야 합니다. 그래서, 저는 이러한 생각을 가지고 다시 로마 건축을 보았습니다. 수많은 로마 건축을 통해 공간의 연속성을 발견하였고, 두꺼운 벽들과 여러 양식 그리고 건축적 질서를 보게 되었는데, 이 모든 것이 서로 하나가 되어 있다는 것을 찾았습니다. 바로 게티 센터에서 풀어야 할 과제인 셈이죠.

마이어는 로마 건축에서 얻은 교훈으로, 비록 돌이라는 재료가 평소 그에게는 어색했지만 자연에 대한 관계를 건축재료, 돌로 풀어간다. 돌이라는 재료를 게티 센터에 사용하는 것은 건축적 기념성을 구현하는 이유도 있을 것이고, 자연의 한 부분이라는 건축과 자연과의 관계를 해결한 방법이기도 하다. 돌 그 자체는 자연을 의미할뿐만 아니라 돌의 견고함이 가지는 시간의 영원성을 건축에 구현하고 싶었을 것이다.

 그렇다면 그의 건축에 항상 등장하는 알루미늄 패널은 무엇을 의미하는가? 돌과 알루미늄 패널은 똑같은 모듈로 만들어졌고, 게티 센터의 외부를 마감하는 주요 재료이다. 30inch 모듈로 그리드화된 이 두 가지 재료는 바로 자연과 기술을 표현하고 있다. 에나멜로 표면처리된 알루미늄 패널은 산업 시대에 등장한 현대적 건축재료이다. 기하학적 구성은 마이어의 기본 디자인 수법이며, 특정한 모듈로 그 구성은 확장되고 구성된다. 게티 센터의 벽의 주요 마감인 돌과 알루미늄 패널은 자연과 기술의 조화를 보여주는 것과 동시에 재료적 대조를 극명하게 보여주고 있다.

 그의 건축 작품들을 통해서 알 수 있지만, 만약 게티 센터의 대지가 도심 한가운데 있었다면 그는 추상성이 실현된 그의 건축을 위해 모든 벽을 백색의 알루미늄 패널로 마감함으로써 건축적 순수미와 조형적 완성도를 높였을지도 모른다. 그러나 주위에 아무것도 없는 자연 한가운데 백색으로 덮인 건축이 언덕을 지배하고 있다면 그것은 분명 자연과 건축의 부조화를, 건축의 지배를 의미하게 됨을 마이어는 알고 있었을 것이다. 그래서 일정부분의 벽은 돌로 마감함으로 자연에 대한 건축의 합의이자 건축의 지배를 자연에게 양보한 것이다.

그리드로 모듈화된 알루미늄 패널은 리처드 마이어가 추구하는 백색미학과 추상성을 실현하는 주요 재료이다.

그리드와 콜라주

앞서 마이어의 건축을 간략하게 소개하였지만, 그가 이루어 낸 건축적 성과에 비하면 너무나 부족한 서술이라 생각한다. 나는 마이어의 게티 센터 건축을 보다 더 자세하게 이해하기 위하여 건축사학자인 임석재의 책, 『네오 큐비즘과 추상 픽처레스크: 네오 모더니즘 I - 뉴욕 5 건축』에 빚을 지지 않을 수 없었다. 마이어의 건축적 특성은 크게 네 가지로 분석된다. 1) 최적조화에서 갈등구도, 2) 기둥 대 벽체, 3) 그리드와 콜라주 그리고 4) 추상 픽처레스크와 환경조절이다. 이 네 가지 건축전략 중 게티 센터를 이해하는 데 가장 적절하게 관련된 것이 있다면 '그리드와 콜라주' 기법이다. 1970년대 중반을 기점으로 마이어의 건축은 전기에서 중기로 넘어가게 되며 그의 건축적 전략도 변하게 된다. 특히 1990년대 이후로 등장하는 마이어의 건축은 다양한 요소들이 복합적으로 구성된 콜라주적 조형관의 모습으로 구체화되는데, 게티 센터는 그가 추구하고 있는 그리드와 콜라주 기법을 사용한 건축의 정점이라 해석할 수 있다.

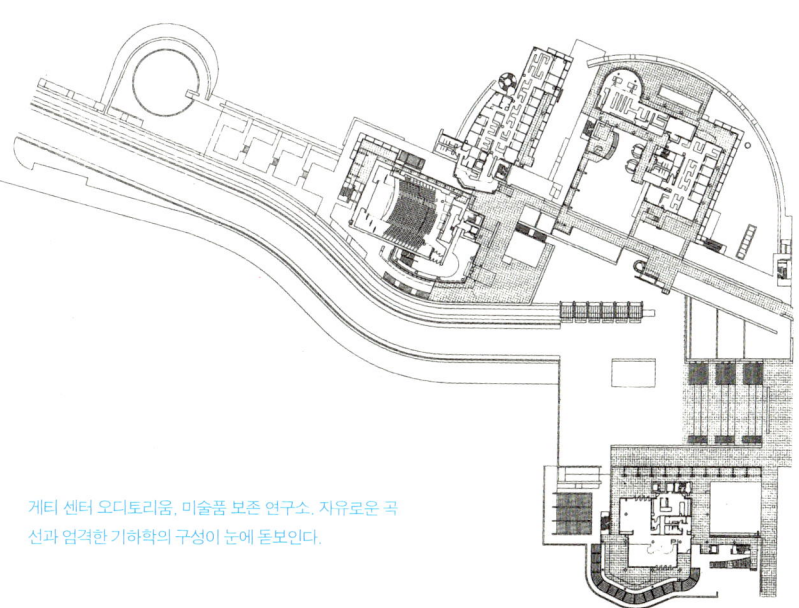

게티 센터 오디토리움, 미술품 보존 연구소. 자유로운 곡선과 엄격한 기하학의 구성이 눈에 돋보인다.

게티 센터를 방문해보면 자연스럽게 게티 센터를 구성하고 있는 그리드 시스템을 쉽게 감지할 수 있을 것이다. 게티 센터 어디를 가나 이 그리드 시스템을 벗어날 수 없다. 그리드는 '질서, 정리, 균형 등과 같은 조화롭고 균질한 조형성을 대표함과 동시에 무한반복의 완결적 확산성을 상징하는 어휘'(임석재, 2001)이다. 게티 센터의 다양한 기능과 건축을 하나로 묶어주는 역할을 바로 그리드가 하고 있다. 바둑판처럼 큰 틀 속에 많은 건물들이 자유스럽게 또 질서정연하게 앉혀 있다면 그리드의 건축적 의미를 쉽게 알 수 있을 것이다.

질서와 자유는 상반되는 개념이다. 마이어의 건축은 바로 이러한 양극구도를 여러 가지 건축기법으로 표현하는데, 게티 센터에서 쉽게 찾아볼 수 있는 것은 바로 자유로운 곡선을 가진 건물과 엄격한 질서를 가진 기하학적인 건물에서 바로 그 극적인 대비기법을 찾을 수 있다. 트램을 타고 게티 센터 앞마당에 도착하면 계단 위로 게티 센터의 중심인 로비건물이 눈에 들어오고 건물 오른편에는 마치 파도가 굽이쳐 흐르

트램에서 내리면 게티 센터의 중심 건물이 눈 앞에 펼쳐진다. 질서 속의 자유로움을 표현하고 있다.

는 듯한 피아노 형상의 건물을 볼 수 있다. 그리드 패널로 마감된 이러한 형상의 조형을 건물 전면입구에 등장시킨 것은 바로 마이어의 양극구도 기법을 엿볼 수 있는 부분이다. 엄격한 질서 속의 답답함을 자유로운 곡선을 사용하여 우리에게 편안한 느낌을 주는 동시에 건물의 역동적인 매스구성 그리고 뛰어난 조형적 감각을 느끼게 해준다.

엄격한 기하학을 가진 매스와 자유로운 곡선을 사용한 매스의 콜라주적 구성 그리고 노출계단, 발코니, 램프, 외부조경 그리고 가벽구성 등과 같은 세밀한 조형조작이 게티 센터를 더욱 풍부하고 다양하게 만들고 있다. 콜라주적 구성은 자유로우면서도 그 가운데 뛰어난 조형조작을 첨가하여 건물 전체를 하나로 묶어줌과 동시에 끝없이 발산하는 분산적인 느낌을 동시에 전해준다. 이러한 요소들을 통해 바로 마이어가 추구한 '완결성과 분산성' 이라는 양극개념을 이해할 수 있다.

더 세밀하게 게티 센터를 들여다보면, 주로 수평적인 구성을 강조하는 계단난간, 발코니 난간, 창틀 그리고 다리 등의 디테일을 발견할

돌을 배경으로 한 알루미늄 패널의 자유로움은 전통과 현대 그리고 기하학적 매스와 자유로운 곡선의 콜라주적 구성을 엿볼 수 있다.

수 있다. 육중한 매스구성과 섬세한 선형부재가 절묘하게 조형적으로 구성되어 있다.

특히 게티 센터 로비를 지나 안마당으로 들어서면 안마당 저 끝으로 1층 부분에 프레임화된 외부의 풍경이 보이는데, 이것은 마이어의 의도적인 계산으로 보여진다. 게티 센터 안마당을 넘어서 시야가 끝없이 확장됨과 동시에 선형적인 가벽이 역동적으로 뻗어나가는 모습을 통해 게티 센터의 분산적 특징을 잠시 엿볼 수 있다. 가벽의 분산성을 원형의 기하학을 가진 정원이 그것을 제한하는 동시에 기하학적 구성의 완결성을 보여주고 있다. 뻗어나가는 가벽을 경계로 램프가 구성되어 있어 마이어가 르 코르뷔제의 조형적 영향을 받았다는 것을 발견할

← 육중한 돌, 알루미늄으로 처리된 수직패널, 철로 처리된 노출계단과 난간의 절묘한 구성과 조화는 마이어의 건축 키워드이다.
↓ 자연으로 끝없이 펼쳐지는 분산성과 원형으로 처리된 완결성의 양극개념을 보여주는 외부공간.

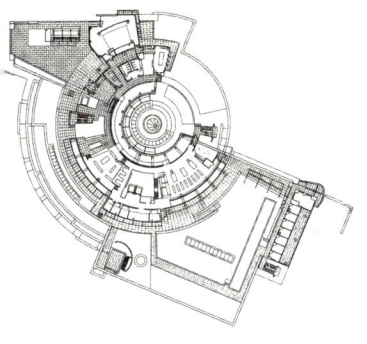

미술사 연구소 건물. 리처드 마이어의 완벽한 기하학적 건축 구성을 보여주고 있다.

수 있다.

게티 센터의 외부정원에서 보여지는 기하학적 구성에서 게티 센터 전체가 일관성 있는 건축적 구성으로 만들어졌다는 것을 알 수 있다. 동시에 마이어의 완벽함을 추구하는 그의 성격과 모든 것이 디자인화된 게티 센터를 보게 된다. 외부정원까지 기하학적 완결성을 보여주는 것은 마이어의 결벽증적 건축을 보는 것 같아 답답한 느낌을 애써 감출 수가 없었다. 개인적으로 외부정원은 인위적인 기하학적 구성보다도 자연적인 비정형적 구성이 더 자연스러워 보인다.

게티 센터는 모든 것이 건축가가 의도한대로 방문자가 이동하게끔 되어 있다. 외부정원에서도 건축가가 의도한 길을 따라 가야 하며, 건물 안으로 들어가게 되면 건축가가 의도한 동선과 그 동선에서 보여 지는 공간의 리듬과 변화적인 공간구성을 만나게 된다. 미술관의 동선은 실내와 외부를 특정 리듬을 가지고 의도적으로 만나게 하고 있다. 미술관과 미술관을 이동하는 중간에 외부 다리를 만나거나 외부 테라스를 만나는 것은 마이어의 건축적 의도에서 비롯된다. 이는 건축과 자연의 동시 체험이자 마이어의 섬세한 건축적 배려이다.

↑ 전시공간 사이에 위치해 있는 테라스는 내, 외부공간 사이의 리듬을 연출해주고 있다.
➡ 게티 센터의 외부정원 전경. 원형의 기하학적 구성으로 마이어의 건축적 완벽함을 나타내고 있다.

게티 센터를 내려오며

게티 센터를 방문하는 것은 일상에서 쉽게 만날 수 없는 굉장한 이벤트임에 틀림없다. 그곳은 고급 미술품이 있고, 자연을 색다른 방법으로 만나게 되고, 고급스럽고 훌륭한 건축물을 접하며 또 수많은 계층의 사람들을 만나게 되는 공공장소이다. 게티 센터에 소요된 총 건축비용의 사회적 비판과 의미를 논하기 앞서, 게티 센터 그 자체만의 긍정적인 결과와 의미를 볼 때 게티 센터의 역할은 앞으로 무궁무진하다. 특히 미술관은 으레 사회적으로 상위계층의 몫이었으나 게티 센터의 무료 개방을 통해 사회적으로 소외된 사람들에게도 예술을 접할 수 있는 귀중한 기회를 제공하고 있다.

건축적으로 보자면, 많은 건축물이 한곳에 모여 건축적 완결성과 조형적 구성미를 보여주는 장소 또한 쉽게 발견할 수 없는 현실에서 게티 센터는 건축을 사랑하는 사람들에게 더 없이 소중한 장소이다. 20세

새로운 공공장소로서의 미술관

정원에 심어놓은 아름다운 선인장

기를 대표하는 세계적인 건축가 마이어의 건축을 통해 우리는 건축의 의미와 역할 그리고 예술로서의 건축과 문화로서의 건축을 만나고 배우게 된다. 교육, 강의, 레크레이션, 연구, 예술, 문화 등 다양한 기능이 한곳에 모여 있어 로스앤젤레스와 미국 서부 지역의 문화 보급처 역할을 앞으로 충실히 해나갈 것으로 생각된다.

하루 동안 게티 센터의 모든 예술품을 구경하고자 게티 센터를 올라가는 사람이 있다면 그것은 지나친 욕심이라는 것을 도착과 동시에 바로 깨달을 것이다. 아마도 일주일은 쉬지 않고 구경해야 그 여정을 마칠 수 있으리라. 로스앤젤레스의 명물인 게티 센터는 분명 예술과 건축의 만남이며, 자연과 건축의 대화이다.

로스앤젤레스를 팝과 영화의 본고장으로 인식하고 있다면, 게티 센터를 한번 올라가 보라. 한 나라의 문화는 하나의 코드로만 결코 이루어질 수 없다는 것을 알 수 있을 것이다.

06

비벌리 힐즈 시빅센터
색과 장식의 마법사 찰스 무어

버버리 같은 비벌리 힐스

'비벌리 힐스' 하면 무엇이 떠오르는가? 로데오 거리, 명품점, 부자동네, 고급 자동차. 여러 가지 단어가 떠오르지만, 비벌리 힐스를 상징하는 핵심 단어는 역시 '로데오 거리'라 할 수 있다. 로데오 거리에는 고급 쇼핑가와 명품점이 즐비하고, 고급 레스토랑과 호텔, 백화점 등이 있으며, 또 세계 최고의 고급 자동차 점들이 위치해 있다. 그리고 고급 쇼핑가와 명품점들 그리고 화려한 미국의 상업건축을 구경할 수 있다. 비벌리 힐스는 미국의 자본주의와 상업주의의 단면을 엿볼 수 있는 곳이기 때문에, 쇼핑을 즐겨하거나 상업건축과 인테리어에 관심 있는 사람이라면 기꺼이 비벌리 힐스의 로데오 거리를 찾아가볼 만하다. 비벌리 힐스를 상품 브랜드로 본다면 아마 버버리가 어울릴 것 같다. 발음 또한 비슷하여 연상하기 쉬운데, 버버리같이 비벌리 힐스는 부자동네이다.

미국의 도시를 방문하다 보면 도시의 행정기능을 한 곳에 모아 시민에게 편의를 제공하고 동시에 도시 건축적으로 상징적인 장소를 조성한 곳이 많다. 도시의 행정기능을 비롯한 경찰서, 소방서, 도서관, 문화시설 등을 한 곳에 집중적으로 배치하여 도시의 중심적인 역할을 수행하는 곳이다. 시빅 센터로 불려지는 이러한 도시 센터는 시민을 위한

비벌리 힐스의 명품 거리 로데오 드라이브. 로스앤젤레스 비벌리 힐스

장소이자 곧 시민의 공간이다. 누구나 쉽게 접근할 수 있는 문턱이 낮은, 거기에 도시 건축적으로 아름다운 시빅 센터라면 더할 나위 없는 시민의 장소일 것이다.

건축은 곧 물리적 환경으로서의 실체적 공간이다. 건축은 다양한 기능을 수행한다. 시빅 센터로서의 직접적인 기능은 시민에게 필요한 행정 및 문화여가 시설을 제공한다는 것이다. 동시에 시빅 센터로서의 권위를 건축적으로 표현한다. 시민에게 부여받은 정부의 권위를 어떻게 건축적으로 표현할 것인가? 즉 눈에 보이지 않는 권위와 힘을 어떻게 시각적으로 구현할 것인가?

형이상학적인 것들을 어떻게 시각적으로 보여줄 것인가에 대한 문제는 인간이 문명을 만들기 시작할 때부터 이어져온 것이다. 단적으로 고대 이집트 건축부터 현대 건축에 이르기까지 그 예들을 쉽게 찾아볼 수 있다. 인간은 왜 그리 높은 건물을 짓고 웅장하고 화려하게 장식하며, 수많은 인력과 시간을 동원하여 그들의 힘을 시각적으로 표현하려고 했을까?

인간은 시각적인 존재이기 때문에 눈에 보이는 것에 쉽게 반응한다. 건축의 근원적인 성격, 즉 3차원적인 공간형태를 물리적으로 구현해야만 하는 근원적인 성격은 매우 즉물적이다. 한마디로 물질적이다.

미국 정부를 상징하는 워싱턴 의사당. 정부의 권위를 건축적으로 표현하고 있다.

근대에 들어와 건축의 즉물성을 공간성으로 전환하여 해석하려는 시도가 있었고, 보이지 않는 공간성을 언급함으로 건축의 가치를 형이상학적인 것으로 높여보려고 했다. 하지만 건축은 시각적인 예술이다. 때문에 눈에 보여지는 것은 건축에서 매우 중요한 부분이다.

시민에게 부여받은 정부의 권위를 물리적으로 표현하라고 하면 여러분은 어떻게 할 것인가? 가장 쉽게 표현할 수 있는 방법이 있다면 크고 멋있게 만드는 것이라고 생각할 것이다. 수많은 역사적인 건물을 보라. 한 국가를 성장하는 건물은 크고 웅장하며 화려한 것이었다. 세계 어느 나라를 가보더라도 그러한 건물이 일반 주택이나 상점 같은 건물보다 작거나 화려하지 못한 경우는 매우 드물다. 비록 그렇게 크고 웅장하며 시각적으로 화려하게 표현한 것을 문화적으로 천박하다거나 즉물적이라거나, 깊이가 없다고 비판할지라도 그것이 곧 인간이 이제까지 해온 가장 보편적인 방법이라는 것을 부인할 수 없다. 시각적인 표현은 그 표현을 통해서 의미를 전달한다. 건축은 시각적인 예술이기 때문에 눈에 보여지는 건축에서 매우 중요한 부분이다. 모더니즘을 지나면서 장식이 없어지고 화려함보다는 그 정신에 초점을 맞추어 미학적으로 구현한 경우도 많았다. 하지만 모더니즘류의 건물은 일반대중에게는 다소 거리감이 느껴지고, 이해하기 어려우며, 시각적인 단순함에서 오는 지루함 때문에 그 생명이 오래가지 못했다. 따지고 보면 역사에서 모

포스트 모더니즘의 시발점이 된 1977년 '푸르이트 이고에' 공동주택 철거사건, 미국 세인트루이스

더니즘이 차지하는 시간은 극히 짧았음에도 불구하고 과대적으로 그 의미가 부각되어진 것은 사실이다.

모더니즘의 실패와 포스트 모더니즘의 역사를 건축사학자에게 맡긴다 하더라도 건축사든, 이론이든 역시 중요한 것은 실제의 작품구현이라고 말할 수 있다. 1960년대 중반부터 로버트 벤추리를 시작으로 등장한 반모더니즘의 기류는 1972년의 '푸르이트 이고에' 공동주택 철거라는 충격적인 건축사건과 1977년에 출간된 찰스 젱크스의 '포스트 모더니즘의 언어'를 기폭제로 본격적인 포스트 모던 운동이 시작되었다. 찰스 무어 또한 포스트 모더니즘의 문을 열고 전파하는 데 중요한 역할을 하게 되었다. 모더니즘의 실패를 비웃기라도 하듯, 건축가 찰스 무어는 고전의 장식을 팝화시키는 새로운 접근으로 대중에게 건축을 선보였다. 찰스 무어의 작품을 올바로 이해하기 위해서는 모더니즘의 문제점과 포스트 모더니즘의 태동을 공부해야 할 것이다. 이 책에서는 그가 생각한 건축관을 통해 포스트 모더니즘의 한줄기를 엿보고자 한다.

건축 미학을 대중적인 취향으로 건축에 구현하다

찰스 무어는 1925년에 태어났으며, 미시간 대학에서 건축공부를 시작하였다. 한국 전쟁에도 참여한 적도 있는 그는 미국으로 돌아와 프린스턴 대학에서 건축 석사, 박사학위를 받았다. 버클리 대학, 예일 대학, UCLA 대학에서 건축학장을 지냈으며, 텍사스 주립 대학(University of Texas at Austin)의 교수로 지낸 바 있다. 1991년 미국 건축가 협회로부터 금메달을 수상한 찰스 무어는 건축가로서, 교육자로서 그리고 작가로서 많은 활동을 하였고, 모더니즘의 한계에서 새로운 건축의 장을 열었던 건축계의 리더이기도 했다. 그의 인생 후반기에는 텍사스 주립 대학에서 찰스 무어 프로그램을 진행하였고, 1993년 68세의 나이로 오스

틴에 소재한 자택에서 작고하였다. 찰스 무어는 건축에서 장소성을 구현할 수 있는 방법을 찾는 데 주력하였다.

찰스 무어하면 포스트 모던의 선구자로, 팝 아트 건축가로 많이 알려져 있다. 뉴올리언즈의 이탈리아 피아차가 포스트 모던의 대표작으로 이해되리 만큼, 아직까지도 그는 포스트 모더니스트를 대표하는 건축가로 이해되고 있다. 하지만 그는 항상 포스트 모더니즘의 선구자로 불려지는 것을 거부한 사람이었다. 그의 건축을 피상적이고 형태 위주로 치우친 포스트 모더니즘이라고 비판하는 것은 옳지 않다. 그의 건축을 이해하기 위해선 찰스 무어의 내재된 성격을 먼저 살펴보아야 할 것이다. 항상 새로운 세계에 대한 관심과 대중적인 취향의 장난기가 그의 건축에 숨어 있다고 보는 것이 맞을 것이다. 그의 건축 작품들은 대부분이 주택인데, 그것은 그가 특별히 주택을 좋아하는 데서 그 이유를 찾을 수 있다. 주택에 대한 그의 생각을 정리한 책이 『주택의 장소성』이다.

무어가 사용하고 있는 건축어휘의 배경은 고전 건축어휘의 의미

← 포스트 모더니즘의 상징으로 일컬어지는 찰스 무어의 이탈리아 피아차, 1975-78. 뉴올리언즈.
↓ 고전적 어휘, 화려한 색깔, 장식, 해학적 요소를 즐겨 사용한 찰스 무어. 찰스 무어의 얼굴에서 물이 뿜어져 나오고 있다.

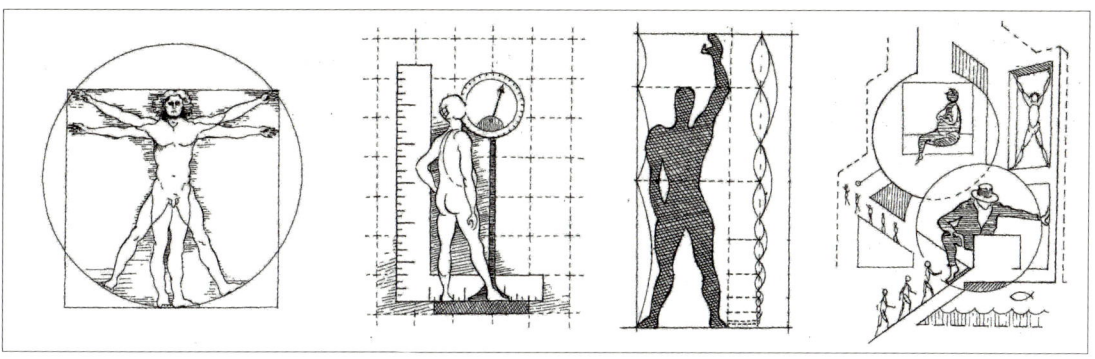

찰스 무어가 연구한 인간의 몸. 비트루비우스 →데카르트 →르 코르뷔제 →찰스 무어의 인간모듈러 다이아그램

탐구에 있다. 즉 고전 기둥이나 건축 요소가 무엇이며 그것이 어떻게 우리를 즐겁게 해주는가를 그의 건축을 통해 보여주고 있다. 대중적인 즐거움을 주기 위해 그는 고전 어휘를 변형하기도 하고, 색깔을 칠하기도 하고, 다양한 창의적인 방법으로 건축 활동을 했었다.

색깔, 역사, 장식 그리고 색다른 것을 좋아했던 무어는 건축 속에서 이 모든 것을 구현하였고, 모더니즘 영향 하에 있던 건축의 관점을 새로운 시각으로 접근함으로써 포스트 모더니즘 건축을 시작하였다.

그의 작품은 뽐내지 않고, 비싸지도 않고, 과시적이지도 않으며, 건축가의 자아를 보여주는 것도 아니다. 어쩌면 너무 평범하고 일반적일지 모르나, 그의 건축 안에는 편안함과 내부의 다양한 변화들, 색깔들, 그리고 지극히 인간적인 부분들이 많다. 또한 그가 설계한 많은 주택에는 값싼 재료의 사용을 볼 수가 있다. 그가 사용한 재료들은 함석, 나무 그리고 컬러 등 주로 대중적인 재료들이다. 아마 이런 이유로 무어를 팝 아티스트 건축가로 부르는지 모른다.

1960년대 뉴욕 파이브의 '화이트' 파에 대항해서, '그레이' 파의 멤버 중의 하나였던 무어는 로버트 A.M. 스턴, 로버트 벤추리와 함께 포스트 모던 건축 시대를 열었다. 팝 아트에 영향을 많이 받은 찰스 무어는 시대가 변해도 바뀌지 않는 고유의 건축 미학을 대중적인 취향으로 그의 건축에 구현하였다. 그의 건축을 즐거움, 놀라움, 평범한 것 같

찰스 무어 하우스의 대문. 1986. 오스틴, 텍사스. 소박함이 물씬 풍긴다.

178
비벌리 힐스 시빅 센터
색과 장식의 마법사 찰스 무어

소박한 외부모습과 달리 화려하게 장식된 찰스 무어 하우스의 내부 모습. 장소성 구현을 위해 대중적 이미지와 강렬한 색깔을 사용하고 있다.

지만 친밀함과 익숙함, 건축과 자연과의 오케스트라 그리고 휴머니즘이 살아 있는 건축으로 정의한다.

    찰스 무어에게 있어 건축가의 가장 중요한 역할은 장소를 만드는 것이지, 형태 조작을 하는 것은 아니다. 건축가들은 장소를 만드는 데 고민해야 할 것이며, 좋은 장소를 만드는 것은 사람들이 어디에 있는가를 알게 해주며, 더 나아가 우리가 누구인지를 깨달을 수 있도록 도와준다고 무어는 역설한다. 무어의 건축은 우리로 하여금 추억의 즐거움을 발견하게 도와주며 동시에 역사를 알게 해준다. 그는 즐거움을 주기 위해 무어는 건축에 색깔의 감성을 사용하기도 하며, 팝 아트적인 요소의 네온 사인이나 화려한 대중적인 이미지의 장식을 과감하게 사용하는 특징이 있다.

비벌리 힐스 시빅 센터

　1988년 기존의 비벌리 힐스 시청 건물에 새로운 기능을 추가하여 증축하는 현상설계가 있었다. 찰스 무어의 안이 당선되었으며, 1989년에 완공되었다. 시빅 센터 전경에서도 볼 수 있듯이 기존의 시청은 아르데코 풍의 역사적인 건물로 50여 년 넘게 그 자리를 지키고 있었다. 새로운 시빅 센터 설계에 있어서 기존의 역사적인 건물 타워는 상징성을 내포하고 있으며, 현상설계를 풀어가는 데 중요한 역할을 하는 랜드마크였다. 자연스럽게 역사적인 맥락에 맞추어 찰스 무어는 설계안을 풀어나갔다.

　찰스 무어의 현상설계 당시의 설계 의도는 유럽의 도시들에서 발견되는 것과 같은 공공시민의 삶을 제공하는 것이었다. 그러나 재정적인 문제에서 발생된 시빅 센터의 현실성 때문에 그러한 건축가의 의도는 제대로 실현되지 못했다.

　기존의 시빅 센터를 시청사를 중심으로 증축하는 것이 현상설계의 주요 관심사였으며, 증축에는 소방서, 경찰서, 주차시설 그리고 기존

비벌리 힐스 시빅 센터Beverly Hills Civic Center 전경. 뒤로는 아르데크 풍의 기존 청사 타워가 보인다. 90210 Civic Center Drive and Burton Way, Beverly Hills, CA.

도서관의 기능이 포함되었다. 관계자들은 거기에 덧붙여서 커뮤니티 시설과 극장, 식당 그리고 갤러리를 포함할 것을 요구했지만, 예산문제로 실현되지 않았다. 극장 설계 후에 발생된 재정적 문제로 다시 설계하게 되었고 결국 식당과 갤러리 그리고 남서쪽 입구의 작은 폭포와 물의 공간들이 없어지게 되었다. 완성된 후, 중정에는 벤치가 전부 없어졌고, 보행자들은 계속 보행자 공간들을 돌아다녀야 하는 불편함이 제기되었다. 게다가 소방서와 경찰서 그리고 도서관의 입구는 중정들과 연결되어 있지 않아서 불편을 가중시켰다.

하지만 이러한 문제점과 기능의 불편함이 있음에도 불구하고, 무어는 그가 의도한 시빅 센터로서의 장소성을 어느 정도 구현한 것 같다. 첫째, 새로운 증축안의 건물은 기존의 역사적인 건물과 형태적으로, 어휘적으로 관계를 맺고 있다는 점이다. 무어는 의도적으로 건축 언어를 기존 시청 타워건물에서 빌려와 현대적으로 재현하고 있다. 증축건물의 높이 또한 기존 타워건물의 기단부와 같은 높이로 처리하여 기존 건물의 역사적 환경에 순응하려는 노력이 엿보인다. 아르데코 풍의 일관된 외부공간의 장식은 찰스 무어의 포스트 모더니즘의 경향을 단적으

⬇ 시빅 센터 배치도
➡ 시빅 센터 중앙 광장. 아르데코 풍으로 장식된 벽체가 중앙 광장의 공간을 특색 있게 만들고 있다.

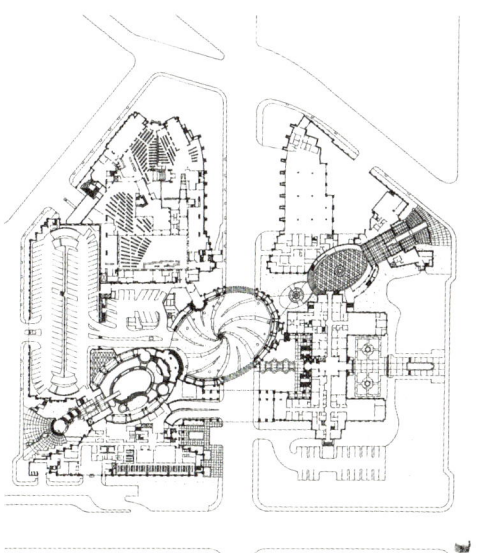

← 시빅 센터 안마당에서 바라본 외관. 일관된 건축어휘로 시빅 센터의 분위기를 통일시키고 있다.

→ 크고 작은 외부공간들이 연속적으로 흘러갈 수 있도록 계획했지만, 지형적 조건 때문에 원활한 흐름이 단절된다.

시빅 센터 초기 스케치. 단절된 대지를 연속적으로 연결하려는 무어의 건축적 의도를 엿볼 수 있다.

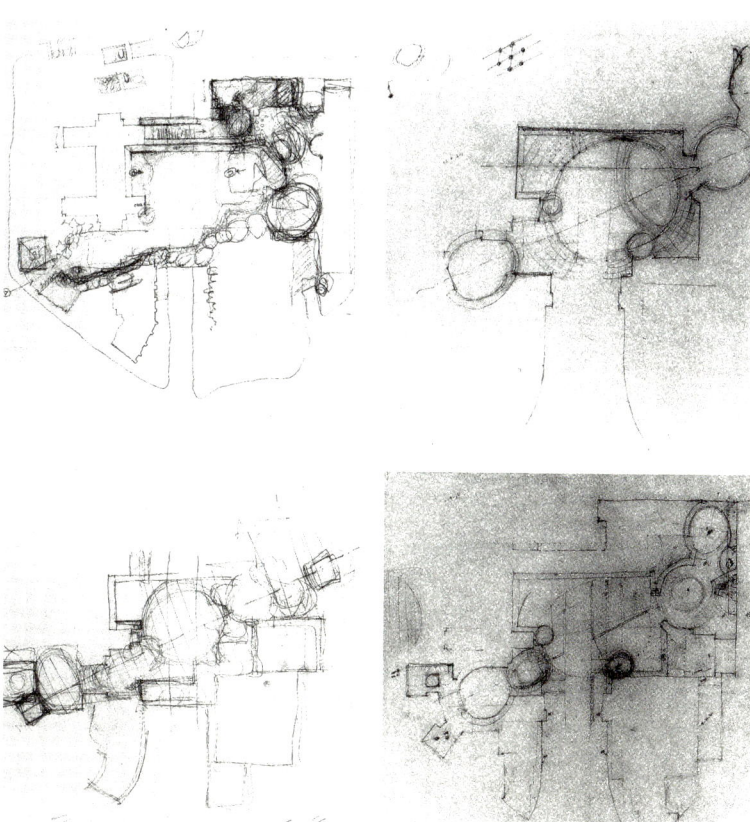

로 볼 수 있다.

둘째, 설계의 주요 해결점은 대지의 남서쪽에서 북동쪽으로 이어지는 건물들 사이에 끼어 있는 외부공간들의 연결이다. 타원형 모양의 외부공간은 대지를 대각선으로 관통하고 있다. 도면에서도 보면 알 수 있듯이 대지를 가로지르는 세 개의 커다란 타원의 외부공간과 부수적으로 이어진 작은 외부공간을 쉽게 알 수 있다. 하지만 실제로 방문해보면 크고 다른 연속된 외부공간의 이어짐이 도면에서 보는 것과 같이 의도적으로 처리된 것을 쉽게 알 수는 없다. 도면에서는 공간이 연속적으로 이어져 보이지만, 실제 시빅 센터에서는 대지의 높고 낮음 때문에 공간의 연속성을 파악하기는 쉽지 않다. 마치 보물을 숨겨놓은 것처럼 외부공간이 건물과 건물 사이에 숨어 있다. 둘로 나눠진 대지를 가로가 관통하지만, 가벽으로 둘러친 거대한 아케이드가 단절된 대지와 건물을 하나로 이어주고 있으며 동시에 시빅 센터의 중심공간을 상징적으로 표현하고 있다. 이 아케이드 구조체는 보행자 통로의 기능을 수행하고 있으며, 계단과 램프로 처리된 이 보행자 통로를 통해 시빅 센터의 주요

아케이드 구조체는 공중보도로 확장된다.

시빅 센터 전경 스케치

↑ 베버리 시빅 센터의 시립 도서관 모습
→ 화려한 내부공간의 모습. 외부에 사용된 건축언어가 내부에도 똑같이 적용되었음을 알 수 있다.

건물들을 접근할 수 있다.

셋째, 내부공간의 화려한 색깔과 장식은 비벌리 힐스 시빅 센터의 장소성을 구현해주고 있다. 특히 일반 시민들이 자주 이용하는 도서관 내부는 화려한 색깔과 장식으로 처리되어 있다. 이것은 외부공간보다는 화려한 내부공간을 만들기를 좋아하는 찰스 무어의 기본적인 건축관의 한 단면을 볼 수 있는 부분이다. 그는 모더니즘의 단순함에서 오는 위험함을 경고함과 동시에 대중적인 취향을 건축에 표현함으로서 건축과 장소의 정체성을 부여하고자 하였다. 로버트 벤추리가 포스트 모더니즘에서 설계의 방법론에 치중한 반면, 무어는 토속적이며 지역적인 건축경험을 그의 건축에 적용하였다.

비벌리 힐스 시빅 센터에서의 아쉬운 점이 있다면 한정된 예산으로 인해 건축가가 의도했던 부분이 실패로 돌아간 점이다. 다양하면서도 연속된 외부 공간은 비벌리 힐스 시빅 센터의 주요한 건축 개념임에도 불구하고, 실제로는 그저 빈 공간으로 남아 있다는 점이 매우 아쉽다. 무어는 비벌리 힐스 시빅 센터가 유럽의 한 도시의 공공 공간처럼 많은 시민들이 자유스럽게 외부공간을 즐기고 가득 채워지기를 꿈꾸었는지 모른다. 하지만 자동차 중심의 미국 문화에서 보행자가 넘쳐나기란 현실적으로 어렵다. 아마 거대한 쇼핑공간이나 놀이공원에서나 가능한 일이다. 그리고 미국의 많은 도시가 겪고 있는 공통적인 문제 중 하나로서 노숙자들이 시빅 센터 주위에 많이 머문다는 점이다. 공공 공간이라는 특성 때문에 시빅 센터를 노숙자들이 많이 이용한다. 화장실과 책을 읽을 수 있는 시빅 도서관을 이용할 수 있기 때문에 노숙자들이 즐겨 찾고 있다.

비벌리 힐스 시빅 센터에서 서울을 생각하다

최근에 와서야 비로소 서울 시청 앞의 교통광장이 잔디밭으로 바뀌어 서울시민에게 돌아갔지만, 아직도 우리 나라의 공공 공간은 그 문이 높기만 하다. 국회의사당은 국회의원만을 위한 공간인 것 같고, 각종 지방자치의 주요 기관 역시 문턱이 높기는 마찬가지이다. 정확히 인식해야 하는 것은 공공 공간은 시민을 위해 존재하는 공간이라는 것이다.

삼우건축과 희림건축이 공동설계한 서울시청 증축안 현상설계 당선작 2006

↑ 세심하게 디자인된 외부공간의 조경계획
→ 시빅 센터의 여러 기능을 이어주는 공중보행로. 독특한 건축언어는 도심의 랜드마크를 창출한다.

특히 행정기관은 한 도시의 상징이다. 건축뿐만 아니라 외부공간의 조경을 비롯한 도심환경조성은 매우 중요하다. 공공 공간으로서의 외부공간은 시민을 위한 휴식처가 되어야 한다. 누구나 쉽게 접근할 수 있어야 한다.

건축가와 도시계획가 그리고 조경건축가의 안목도 중요하지만 그것을 결정하는 정책입안자나 행정가의 역할이 매우 중요하다. 아무리 좋은 건축과 도시 조경 안이 있어도 그것을 결정하는 행정가의 높은 문화적 안목이 없다면 무슨 소용인가? 경제적 상품가치로 문화를 적극이용하려는 마음만 있을 뿐 어떤 문화를 어떻게 만들어야 할지 모르는 형국이다.

세계적인 건축가를 영입하여 건축물로 한 도시의 랜드마크를 세우고, 다시 그 랜드마크는 경제적 부가가치를 창출하는 사례를 프랭크 게리의 스페인 구겐하임 빌바오 미술관에서 찾아볼 수 있다. 단순한 건물로서의 건축이 아니라 문화로서의 건축 그리고 건축물로 파급되는 경제적 이윤을 생각해본다면 공공 공간으로서의 공공 건축물은 다른 어떤 건축물보다 사회적, 도시적, 경제적 등 여러 가지 기능을 수행해야 할 임무가 있다.

    찰스 무어가 설계한 비벌리 힐스 시빅 센터를 통해 우리는 역사적 건물이 가지고 있는 도시적 의미와 상징성 그리고 새 건물과 옛 건물의 건축적 조화를 배울 수 있다. 시빅 센터는 도시의 이미지를 결정하기 때문에 우리의 공공건축물 또한 우리만의 역사와 문화가 담겨 있어야 할 것이다.

07

로스앤젤레스의 새로운 도심
벙커힐 & 다운타운

다운타운은 데드타운

활기 없는 도시는 죽은 도시와 같다. 미국 주요 도시의 다운타운은 사람이 걸어 다니지 않는다. 뉴욕이나 샌프란시스코 같은 도시를 제외하곤, 다운타운 거리는 황폐할 정도로 텅 비어 있다. 낮은 물론이고 밤에는 그 상황이 더욱 심각하다. 가로에 면하고 있는 대부분의 건물의 얼굴은 주차장으로, 콘크리트 벽만이 보이는 이런 주차장 건물은 다운타운을 더욱 황량하게 만들고 있다. 아침에 출근하는 자동차들은 주차장으로 바로 들어가 퇴근시간이면 다시 주차장을 나와 고속도로로 이어지는 거리를 통해 다운타운을 빠져나간다.

단지 점심시간에만 점심을 먹기 위해 사무실에서 나온 사람들로 거리가 조금 활발하다가 점심시간이 끝나면 시내는 다시 조용해진다. 주말이면 그 쓸쓸함이 더욱 더하다. 그렇기 때문에 거리에서 사람을 만나면 신변의 위협을 받기라도 한 것처럼 사람이 두렵게 느껴진다. 사람

오피스 빌딩으로 둘러싸인 벙커힐의 외부공간. 점심시간 외에는 텅 빈 공간이다.

이 많으면 많을수록 안전함을 더 느끼는 것은 미국의 주요 다운타운을 걸어보면 금방 알 수 있다.

미국 다운타운의 공동화 현상은 이미 1960년대 제인 제이콥스가 지적하고 비판하였지만, 아직도 도심 공동화 현상을 인간적으로 회복하기에는 다소 어렵게 보여진다. 물론, 해당 시 당국에서 도심 부활을 위해 많은 노력을 기울이지만 사람들은 갈수록 도시 바깥으로 빠져나가 살고 있다. 도심 외곽지역에 대규모로 자리잡은 주택단지는 계속해서 확장 중이다. 미국 백인 중산층이 주로 도심외곽지역에서 살고 있는 반면, 도심 주위에는 흑인과 멕시코인을 비롯한 저소득층, 빈민층 사람들이 살고 있어 도심의 슬럼화는 가속되고 있는 형국이다.

로스앤젤레스 다운타운 역시 이러한 도심공동화 문제를 안고 있다. 다운타운 남동부 빈민가는 대낮에도 위험할 정도이다. 이러한 다운타운을 살리기 위해 로스앤젤레스 시는 슬럼화된 퍼싱 스퀘어(Pershing Square) 공원을 재계획하고, 다운타운과 바로 이어지는 벙커힐을 재개발하여 도심을 활성화하려고 노력 중에 있다. 최근에는 벙커힐에 프랭크 게리가 설계한 디즈니 콘서트 홀이 완공되어 로스앤젤레스의 새로운 문화지역으로 부활하고 있다.

이 장에서는 다운타운의 여러 건물들을 한데 묶어서 간단하게 소개하고자 한다. 영화나 텔레비전 드라마 배경으로 자주 등장하는 보나벤처 호텔을 비롯하여, 다운타운 한복판에 재계획된 야외 도심공원, 퍼싱 스퀘어 그리고 퍼싱 스퀘어를 중심으로 서 있는 고층건물들, 다운타운 북쪽 지역 벙커힐에 위치한 현대 미술관, 마지막으로 다운타운에서 조금 떨어져 있지만 한번 가볼 만한 캘리포니아 사이언스 센터이다. 캘리포니아의 사이언스 센터는 남가주 대학 캠퍼스 인근에 있고 프랭크 게리가 설계한 항공우주 박물관이 같은 공원 내에 위치해 있기 때문에 시간적 여유가 된다면 한번 방문해보기를 권한다.

벙커힐과 로스앤젤레스 시청사가 있는 다운타운을 이어주는 도시계획 스케치.
Lawrence Halprin, 1983

우주선 같은 보나벤처 호텔

지나간 헐리우드 영화《트루 라이즈 *True Rise*》에서 아놀드 슈왈츠제너거가 말을 타고 오토바이를 탄 악당을 쫓는 장면이 나온다. 악당은 오토바이를 몰고 호텔 안으로 도망가고 아놀드는 말을 타고 호텔 안까지 따라간다. 악당은 엘리베이터를 타고 옥상으로 도망가는데, 아놀드 역시 건너편에 있는 엘리베이터에 말을 몰아 건물 위로 올라간다. 결국 오토바이를 탄 악당은 호텔 옥상에서 다른 건물로 점프하지만 아놀드를 태운 말은 겁을 먹고 뛰지를 못한다. 영화를 본 사람이면 아마 기억나는 장면일 것이다. 바로 그 무대가 보나벤처 호텔이다.

1978년에 완공된 보나벤처 호텔(Bonaventure Hotel)은 헐리우드 영화에 자주 등장하며, 텔레비전 프로그램의 무대로도 자주 촬영하는 곳이다. 로스앤젤레스 다운타운의 박스형 건물들 속에서 유일하게 원형 건물이다. 디벨롭퍼이자 건축가인 존 포트만이 설계한 보나벤처 호텔은 로스앤젤레스 다운타운의 명물 중의 하나이다.

육중한 콘크리트 저층부 위에 다섯 개의 실린더로 구성되어 있는 보나벤처 호텔은 고속도로에서는 멋있어 보이지만, 보행자 도로에서는

← 벙커힐과 다운타운을 연결하는 열차 엔젤스 플라이트 Angel's Flight
→ 벙커힐에 위치한 보나벤처 호텔. 1978, 로스앤젤레스. 콘크리트, 철 그리고 유리로 지어진 호텔이다. 404 South Figueroa St. Downtown, Los Angeles, CA.

호텔 외관. 유리 실린더로 구성된 외관은 차갑고 미래적인 분위기가 난다.

그저 콘크리트 박스만이 보일 뿐이다. 다운타운의 벙커힐과 이 호텔의 현관 높이는 약 15m 정도 차이가 나는데, 콘크리트 저층부는 호텔의 기단 역할을 하고 있다. 호텔이 있는 거리에서 보면 유리 원형 건물보다는 콘크리트 박스가 먼저 보인다. 그래서 호텔 현관 앞으로 지나가는 가로의 환경은 매우 삭막하게 느껴진다. 하지만 벙커힐에 올라가서 호텔을 바라보면 다섯 개의 유리 실린더만 보인다. 호텔 내부로 들어서면 8층 높이의 실내 로비의 개방감이 사람들을 깜짝 놀라게 한다. 이 호텔은 전형적인 모더니즘류의 건물로, 장식 하나 없고, 오직 콘크리트 벽만이 내부공간을 둘러싸고 있기 때문에 건물을 돌아다니다 보면 마치 시간을 초월해 미래에 와 있는 것 같기도 하다.

호텔은 주위 건물에서도 접근이 가능하게 연결되어 있다. 그리고 벙커힐 지역과도 공중보도로 연결되어 있다. 호텔의 외부와 내부의 느

호텔은 공중보도로 인근 건물과 연결되어 있다. 호텔의 기단부는 콘크리트 박스이다.

호텔 내부에서 바라본 외부 전경. 실린더에 엘리베이터가 매달려 있는 모습이 보인다.

낌은 차갑고, 단순하며, 하이테크 분위기가 나면서 동시에 원시적인 느낌이 나기도 한다. 건물 바깥에 매달려 있는 엘리베이터의 움직임과 호텔 내부의 헬스 클럽에 매달려 있는 타원형의 오브제는 마치 우주선 옆에 매달려 있는 캡슐처럼 보인다. 호텔의 주요 마감재료는 유리, 철 그리고 노출 콘크리트이다. 호텔의 매스 구성에서 볼 수 있는 다섯 개의 실린더는 가장 단순한 기하학이다. 단순한 기하학은 시대를 초월하기 때문에 건축가들이 자주 사용하는 건축언어이다.

평면구성을 보면 호텔 가운데 큰 원형이 있고, 그 주위에 대칭으로 네 개의 작은 원들이 붙어 있다. 다섯 개의 원이 정사각형의 기단 위에 올라가 있는 단순한 구성이지만 호텔 내부로 들어가면 상황은 달라진다. 원형으로 구성된 호텔 통로가 미로 같아서 어지럽게 느껴진다. 방향감각을 잃어버리는 동시에 자신이 나가고자 하는 호텔 출구조차 찾을 수 없게 되는 경우가 종종 있다. 안내판이나 색깔로도 자신의 위치를 구분할 수 없다.

호텔 내부는 회색의 콘크리트 색깔로 가득 차 있지만 호텔 로비 층에 있는 식당의 분위기는 좋다. 식당 주위에 물 뿜는 분수가 있어서 더욱 그렇다. 호텔 스카이 라운지에는 카페가 있는데, 이곳은 꼭 저녁에 가야 한다. 원형의 카페는 바닥이 회전하게 되어 있어 다운타운의 야경과 로스앤젤레스 밤풍경을 볼 수 있는 기회를 가질 수 있다. 그리고 호텔 바깥 부분에 매달려 있는 엘리베이터도 꼭 타보아야 한다. 엘리베이터는 타임머신을 탄 것 같은 기분을 주는데, 엘리베이터를 타고 건물 상층부에 올라가면 로스앤젤레스 다운타운의 모습을 구경할 수 있다.

리카르도 레고레타의 건축 세계

리카르도 레고레타는 멕시코 출신의 건축가로 미국을 비롯해 일본, 스페인 및 세계 각국에서 활발한 활동을 하고 있다.

1931년 리카르도는 멕시코에서 태어나 멕시코 국립 대학에서 건축을 공부하였다. 이미 그는 고등학생 시절 멕시코의 모더니스트 건축가 호세 빌라그란 사무실에서 건축을 배우기 시작하였다. 발터 그로피우스가 멕시코 국립 대학을 방문했을 때, 레고레타는 그로피우스의 충고로 유학의 길을 접고 멕시코에 남게 된다. 빌라그란 사무실에서 실무를 쌓은 후 1960년 레고레타 자신의 설계사무실을 개설한다. 멕시코 건축가로서는 최초로 프리츠커 상을 수상한 바 있는 루이스 바라간과 절친한 사이였으며, 그들은 서로 영향을 주고 받게 된다. 레고레타는 45년의 건축활동 끝에, 2000년 미국 건축가 협회로부터 '건축가 금메달'의 수상의 영예를 안게 된다.

멕시코 건축가 리카르도 레고레타

레고레타와 루이스 바라간

1985년 로스앤젤레스에 멕시코 출신의 유명배우인 리카르도 몬타반(Ricardo Montalban)의 집을 시작으로 그의 작품들이 미국에서 하나 둘 세워지고 있다. 그는 루이스 바라간과 거의 흡사한 건축 스타일을 구사하고 있으며, 그의 건축적 뿌리는 멕시코 전통 건축에서 기인하고 있다. 흔히 우리는 그의 건축을 버내큘러 건축의 모던화, 지역주의 건축, 토속적인 건축, 전통의 현대적인 해석 등으로 부르고 있다. 요즘의 사이버 건축이 현 건축의 흐름을 서서히 주도하고 있는 현실을 본다면, 레고레타는 그들과 대항해서 외롭게 투쟁하고 있는 모습이다. 극단적인 건축의 두 모습을 보는 것처럼 말이다. 프랭크 로이드 라이트가 "과학이 아무리 발전하고 세상이 변할지라도 인간의 가장 기본적인 주거 환경까지 같이 변할 필요는 없다"라고 말했듯이 레고레타 건축의 중심에는 항상 인간이라는 테마가 있다.

그의 건축 세계를 요약하면 세계화의 반대, 휴머니티의 강조, 친환

경 건축으로 볼 수 있다. 지난 1천 년 동안 인류의 기술과 과학이 이룩해 놓은 것을 볼 때 미래 사회의 건축을 염려하고 또 건축의 방향성을 제시하면서, 인간이 느끼는 휴머니티는 변함이 없으며 비인간화의 가능성을 건축으로 회복시키고, 휴머니티가 구현된 공간을 구현하고자 하는 것이 그의 주된 관심사이다. 보편화를 반대하면서 그는 지역성과 차별성, 재료성을 강조하기도 했다. 그의 건축은 논리적이기보다는 감정적이며, 그의 건축의 대표적 특성인 색깔에서 알 수가 있다. '왜 당신은 특정 색깔들을 주로 쓰는가?'라는 질문에 'I LIKE IT'이라고 대답하는 것을 볼 때 건축이 때로는 논리로 설명할 수 없음을 시인하기도 한다.

그가 평소에 강조하는 것 중 하나는 미국이 심고 있는 식민지성 태도에 대한 거부이다. 서구화나 보편화라는 개념에 대한 그의 반론이면서 미국적인 대형 건축사무실의 수출형 태도를 비판이다. 미국, 일본,

버내큘러 건축의 모던화를 지향하는 레고레타. UCLA 인터내서널 오피스 외부 전경. 1996. 로스앤젤레스 UCLA 대학.

2000년 미국 건축가 협회 금메달을 수상한 리카르도 레고레타

질감과 색, 물과 벽 그리고 빛과 그림자는 레고레타의 주요 건축언어이다. 텍사스 주 산안토니오 시립 미술관

유럽 중심으로 이루어지는 세계 건축협회의 편파적인 태도에 심한 불쾌감을 표현하면서, 레고레타는 라틴 아메리카의 소외와 미국 설계사무실의 멕시코 시장 잠식을 강하게 비판한다. "미국 건축사무실의 해외 수출과 대조적으로 얼마나 비미국 건축가들이 미국에 작품을 심고 있는가?"라고 반론을 제기하면서 미국에서의 그의 작품 활동이 이런 현상에 대한 도전과 제3세계의 차별에 대한 대응을 보여주고 있으며, 멕시코의 우수한 창조성과 건축 스타일 그리고 건축 서비스를 미국으로 수출하고 있다고 말하기도 한다. 미국에 비하면 지극히 미약하지만 말이다. 그의 건축관을 알 수 있는 함축적인 글을 인용하고자 한다.

건축은 사람들을 행복하게 만들 수 있어야 하며, 우리 삶의 살아 있는 가치를 회복시킬 수 있어야 합니다. 좋은 건축은 왕이나 거지를 막론하고 사람 모두에게 집같은 편안함을 주어야 합니다. 좋은 건축은 유행을 쫓는 것이 아니라 영원한 것입니다.
건축가는 소위 스타일이라 부르는 특정 스타일과 형태, 재료에 우리 스스로를

레놀트 공장 Renault Factory, 멕시코

한정시켜서는 안 될 것입니다. 건축가는 자유로워야 하며, 개개의 빌딩은 문화와 사회에 속해야 합니다. 또 건물의 목적에도 충실해야 할 것입니다. 건축은 시간의 흐름에 따라 품위를 가지며 동시에 아름답게 변해야 할 것입니다. 건축은 시간의 나이를 먹고 자랍니다.

이런 것을 얻기 위해서는 인간의 생활 속에 녹아 있는 삶의 가치에 디자인 근거를 두어야 할 것입니다. 사람들은 영성(Spirituality)과 행복, 평화와 사랑, 미스터리와 낭만, 놀라움과 유머를 일상생활과 건물에서 느끼고 있습니다.

파이넨셜 센터, 몬테리, 멕시코

소로나, 웨스트레이크, 텍사스

따뜻한 빛과 색깔로 채워진 산안토니오 시립 미술관 내부

라스 푸엔테스 Las Fuentes, 카이노리얼, 멕시코

디자인의 영원함을 만들 수 있는 요소는 건축가의 가장 기본적인 도구일 것입니다. 빛과 그림자, 질감과 색깔, 물과 벽, 바닥과 천장 그리고 공간의 구성을 말할 수 있을 것입니다.

설계과정은 끝이 없습니다. 그래서 건축가는 그의 모든 시간과 정열을 건축에 투자합니다. 경제적인 요인이나 정치적인 조건에 개의치 않고 오로지 건축만을 생각합니다. 건축가는 그의 디자인에 결코 만족할 수 없을 것입니다. 아마 영원히 완벽함을 이루지 못할지도 모르지만, 건축가는 그 완벽함을 성취하기 위해서 고군분투합니다.

레고레타의 건축에서 느껴지는 것은 인간적인 따뜻함이다. 빛과 벽 그리고 항상 그가 즐겨 쓰는 색깔과 물에서 휴머니즘적이고, 멕시코적인 토속함을 느낀다. 루이스 바라간이 그랬듯이, 그의 건축은 지극히 인간적이며, 시적이기도 하다. 레고레타는 멕시코의 특유함으로 세계를 공략하기 시작했다.

다운타운의 랜드마크_ 퍼싱 스퀘어

퍼싱 스퀘어(Pershing Square)는 로스앤젤레스 다운타운의 중심부에 위치해 있다. 황폐화된 퍼싱 스퀘어는 마약거래 장소로 슬럼화된 곳이었다. 재계획된 10층 높이의 보라색 종탑은 강렬한 인상을 심어주고 있으며, 로스앤젤레스 다운타운의 랜드마크가 되고 있다. 약 120년 된 퍼싱 스퀘어의 역사 속에서 가장 최근에 구현된 공원으로, 멕시코 건축가 리카르도 레고레타와 조경건축가 로리 올린(Laurie Olin)의 공동작업으로 탄생한 것이다.

퍼싱 스퀘어 공원이 있는 다운타운 블럭은 대칭적이며 단순한 기능으로 사용하기에는 너무 크다. 그래서 건축가는 이 블럭을 두 개로 나누어 공원의 기능을 다르게 부여하면서 설계의 실마리를 풀어가고 있다. 남쪽은 물이라는 테마와 북쪽은 녹지라는 테마로 구성되어 있으며, 기하학적으로도 원형과 사각형의 요소를 사용하고 있다. 두 공원의 중간은 보도로 연결되어 있으며, 북쪽에서 남쪽 방향으로 경사진 대지는 램프와 계단으로 레벨 변화를 수용하고 있다.

공원의 포컬 포인트는 약 38m의 종탑이다. 종탑의 기단부 측면으로는 물이 흐르는 가벽이 연결되어 있고, 가벽 위로 흐르는 물은 대지의 남쪽 방향에 있는 큰 원의 연못 위로 떨어지게 되어 있다. 원형의 낮은 연못은 남측 광장의 중심 역할을 한다. 연못의 바닥은 검정 조약돌로 마무리되어 재료를 통한 공간의 구획을 보여 주고 있다. 예술가 바바라 맥케런(Babara McCarren)이 디자인한 지진의 단층선은 원형의 연못과 공원 입구의 보도를 바닥의 패턴으로 연결해준다. 로스앤젤레스의 지형학적인 특징을 바닥의 패턴으로 말해주고 있다.

밝은 노랑색의 공원 관리사무실은 공원의 남측과 북측 부분을 이어주고 있다. 공원쪽을 바라보고 있는 퍼싱 스퀘어의 노천 카페는 유럽의 광장을 연상시킨다. 광장의 북측 부분에 있는 다양한 건축 요소는 공

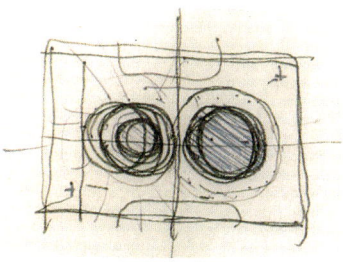
⬇ 퍼싱 스퀘어 콘셉트 스케치
➡ 다운타운에 있는 퍼싱 스퀘어 Pershing Square 전경, 1994, 532 S. Olive st. Downtown, Los Angeles, CA

공원의 배치도

광장 입구에서 본 퍼싱 스퀘어

간을 한정시켜주는 역할을 하고 있다. 다양한 크기의 벽들은 밝은 색으로 칠해져 있어서 공원에서 보여지는 색깔의 일체성을 의도하고 있다. 이 벽들은 정사각형이나 직사각형으로 보이드되어 있으며, 독립적으로 서 있는 원구의 프레임 역할을 하고 있다.

히스패닉 출신 인구가 점점 증가하는 로스앤젤레스에서 퍼싱 스퀘어는 히스패닉 인구층을 문화적으로 배려한 것처럼 보인다. 퍼싱 스퀘

공원의 종탑엔 종을 형상화 한 핑크색 원형 매스가 매달려 있다.

*스투코 stucco: 석회나 대리석 가루와 모래를 재료로 하는 것으로, 스투코를 사용하여 대리석 등으로 외장하지 않은 콘크리트 벽면에 바르고 갈아 광을 내는 마무리 작업을 한다.

어에 사용된 색과 공원의 주요 건물을 마감하는 스터코*는 히스패닉 문화의 한 단면을 보여주고 있다. 특히 이 공원은 다운타운 인근에 거주하는 저소득층 히스패닉계 사람들에게 더욱 친근하게 느껴질 것이다.

이 새로운 공원은 이제껏 로스앤젤레스가 잃어버렸던 공원의 역할을 시민에게 되돌려주는 것 같다. 도시의 번잡함 속에 조용히 생각할 수 있는 공원의 역할을 제공하면서 동시에 커뮤니티의 회복을 시도하고 있다. 공원의 기능은 무엇보다도 사회적 환경에 성공 여부가 달려 있다.

공원이 완공되고 5년이 지난 후 리카르도 레고레타는 이 공원이 사회적으로 실패한 도심 프로젝트라고 조심스럽게 고백한다. 실제로 필자가 방문한 퍼싱 스퀘어는 노숙자들의 휴식처로만 사용되어지고 있었다. 대낮부터 술에 취해 공원에 누워 있는 사람, 돈을 구걸하는 사람, 노상방뇨하는 사람 그리고 아이러니컬하게도 한쪽에는 공원의 안전을 지키기 위해 서 있는 경찰관. 이런 모습을 리카르도 레고레타는 생각하고 싶지 않았을 것이지만, 이것이 퍼싱 스퀘어의 현실이었다. 아무리 좋은 건축 환경과 도심공원을 꾸며본들 사회가 건강하지 못하면 무슨 소용이겠는가? 특히 자동차 위주로 계획된 미국의 다운타운의 환경에서 보행자를 위한 공원의 성공은 매우 어렵다 할 것이다. 빈민층과 노숙자들이 다운타운을 점령하다시피 한 미국의 다운타운에서의 공원 방문은 슬럼화 되어가는 다운타운은 어떠해야 하는가를 묻게 한 계기이기도 하였지만 이것은 좀처럼 풀기 어려운 문제이기도 하다. 건축이 있기 전에 건강한 사회와 그 구성원의 마음가짐이 더욱 중요하지 않을까 생각된다. 특히 사람이 걸어 다닐 수 있는 가로 환경이 먼저 조성되지 않고 퍼싱 스퀘어의 사회적 역할은 크지 못할 것이다.

가스 타워

로스앤젤레스 다운타운을 답사하면 여러 건물들을 통해 '시간의 중첩'을 느낄 수 있다. 1900년대의 역사적인 건물을 비롯하여, 1920년대의 아르데코 양식의 건물, 1950~70년대의 모더니즘 건물, 1980년대의 포스트 모더니즘, 1990년대의 프랭크 게리같은 해체주의적 건물들을 도심 한곳에서 동시에 볼 수 있기 때문이다. 건물은 곧 한 시대를 대변해 준다. 역사와 문화 그리고 기술을 총합하는 물리적 총체로서의 건축물은 시간의 흐름을 통해 여러 문화층을 동시에 대변하며 발산한다.

미국의 대형설계그룹인 SOM의 리처드 키팅(Richard Keating)과 데

가스 회사의 불꽃 마크를 상징하는 파란 유리. 세련된 곡선으로 시원한 느낌을 준다.

로스앤젤레스 다운타운을 상징하는 두 건물. 가스 타워와 퍼스트 인스테이트 은행 월드 센터. 555 West 5th Street, Los Angeles, CA. 90013

이비드 엡스테인(David Epstein)의 주도 하에 설계된 가스 회사 건물은 1990년대의 현대 건축을 엿볼수 있는 작품이다. 완공 즉시 로스앤젤레스의 랜드마크 건물이 된 가스 컴퍼니(Gas Company Tower)는 사람들에게 잘 알려져 있을 뿐 아니라 사람들이 좋아하는 건축물이다. 게다가 대부분의 사람들은 이 건물의 파란 유리의 왕관 모양의 곡선 평면이 가스 회사의 불꽃 마크를 상징한다는 것을 알고 있다.

하이라이즈 건물에서 유리와 돌을 대표적으로 사용하는 SOM의 건축재주와 파란 유리로 둘러싸인 전통적인 건축볼륨은 이 건물에 힘과 역동적인 움직임을 불어넣는 것처럼 보여 진다. 무거움과 가벼움에 대한 대비된 인식을 만들기 위해 사용되는 창문 내는 수법 또한 건물의 유쾌함을 엿볼 수 있다. 특히 측면부의 날카로운 유리 매스의 처리와 대비적으로 보여지는 돌과 유리의 건축처리는 SOM의 세련된 디자인을 볼 수 있는 면이다.

가스 타워의 측면부는 돌로 마감된 정형의 매스와 날카로운 곡선의 유리 매스가 대비를 이루고 있다.

이 건물의 바닥 레벨의 주초석은 화려하지 않으며, 이것은 이슬람의 건축적 진지함에 영향을 받은 듯하다. 두 개의 건물입구는 테라스로 연결되며, 건물 내부에는 상점들과 식당들이 위치해 있다. 건물의 중심은 엘리베이터가 모여 있는 광장이다. 외부의 석회석 패널은 서로 결합되어 있는 것이 아닌 안쪽의 강철 프레임에 걸려 있는데, 이것은 지진에 대비해서 패널이 각각 따로따로 움직일 수 있도록 하기 위한 것이다. 동시에 건물에 기념비적인 성격을 부여하기 위한 것이다.

가스 타워는 바로 옆 원통형 초고층 건물과 나란히 서 있으며, 로스앤젤레스의 다운타운을 상징적으로 보여주고 있다. 말하자면 로스앤젤레스는 미 서부와 태평양 지역의 자본 중심지라는 경제적 상징 역할을 하고 있다. 뉴욕의 월드 트레이드 센터가 미국 경제를 상징했듯이 로스앤젤레스 역시 마찬가지이다. 결국, 도심의 고층건물들은 한 나라의 경제적 성취와 자본의 집적을 상징적으로 말해주고 있다.

퍼스트 인터스테이트 은행 월드 센터

로스앤젤레스의 다운타운 건물 군(群)을 보면, 그 중에 가장 눈에 띠는 것이 원형처럼 보이는 하얀 건물에 왕관을 쓴 건물이다. 마치 다운타운에 서 있는 하이라이즈 건물의 여왕인 것 같다. 흔히, '크라운 타워'라고 불리는 이 건물들은 아르데코 풍의 로스앤젤레스 시립 도서관과 연계해서 도심 재개발 사업의 일환으로 계획되어졌다.

크라운 타워는 디벨롭퍼 '맥과이어 토마스 파트너'에 의해서 추진된 사업으로 퍼스트 인터스테이트 은행 월드 센터(First Interstate Bank World Center)이다. 로스앤젤레스 중앙 도서관은 다운타운의 역사적인 랜드마크이자 건축의 아이콘이었다. 베르트램 굿휴(Bertram Goodhue)가 설계한 중앙 도서관은 시간이 지남에 따라 낡아지고 있었고, 시에서는 도서관을 이전할 계획이었다. 토마스 디벨롭퍼는 중앙 도서관을 보존하기로 하고, 1억 2천 5백만 달러(약150억 원)의 리노베이션 공사비와 확장을 지원했다. 이 도서관과 크라운 타워는 바로 인접해 있어서 계획의 범주 안에 포함시키게 되었다. 특히 굿휴가 설계한 야외 계단이나 정원은 그대로 보존하면서 재개발 사업을 시행하였다. 따라서 크라운 타워와 중앙 도서관까지는 계단으로 연결되어 있고, 벙커힐과 크라운 타워 역시 건물 후면으로 연결되어 있다.

엠파이어 스테이트 빌딩과 크라이슬러 빌딩은 뉴욕을 상징하는 대표적인 건물이다. 뉴욕만큼 그렇게 상징성을 주지는 않지만, 앞서 소개한 가스 타워와 크라운 타워가 로스앤젤레스 다운타운의 랜드마크 역할을 하고 있음에는 틀림없다. 하지만 73층의 크라운 타워는 로스앤젤레스에서 가장 높은 건물이지만, 그 역할은 높이에 미치지 못하고 있다. 특히 시민들의 방문 또한 제한되어 있어 말 그대로 여왕만이 갈 수 있는 곳이 되어 버린 것 같아 아쉽다. 시민의 사랑을 받으려면 시민에게 열려 있는 곳이 되어야 한다.

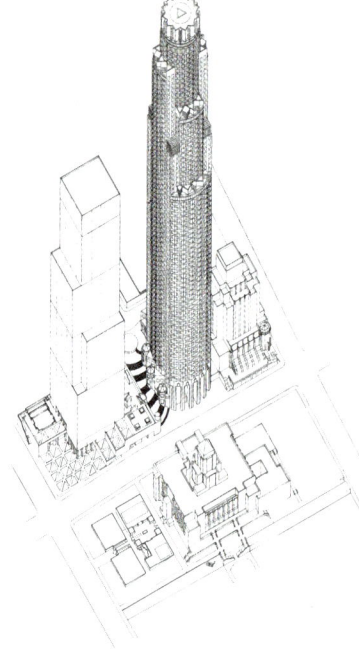

퍼스트 인터스테이트 은행 월드 센터 엑소노메트릭

태평양 지역의 강제적 상징물인 두 건물. 가스 타워와 퍼스트 인터스테이트 은행 월드 센터

퍼스트 인터스테이트 은행 월드 센터, 1990, 로스앤젤레스. 건물 상층부는 왕관의 형상을 하고 있다. 633 W 5th st. Downtown, Los Angeles, CA

로스앤젤레스 현대 미술관

모카는 아라타 이소자키의 첫 번째 국제적인 작품이다. 그는 1981년 이 건물의 국제 설계경기에서 당선되어 1986년에 완공되었다. 이 작품은 건축의 기능보다는 추상적인 개념에 흥미가 있었던 이소자키의 건축관을 엿볼 수 있는데, 큐빅과 볼트 매스의 사용은 그의 건축적 추상성의 한 단면을 볼 수 있게 하는 증거들이다. 모카에서는 과거 이소자키의 대표적인 작품인 군마 미술관이나 오이타 미술관에서 볼 수 없었던 여러 가지 건축적 공공성을 발견할 수 있다. 시민에 대한 건축적 배려와 주위 건물과의 맥락성이 바로 그것이다. 또한 세련된 디자인과 상업적인 요구사항을 적절하게 풀어낸 작품이며, 건축적 완성도와 마감재료의 풍부한 느낌 그리고 건축적 위엄과 숭고함이 잘 표현되었다고 평가 받고 있다.

현대 미술관(MOCA, Museum of Contemporary Art)은 로스앤젤레스 다운타운의 벙커힐 지역의 캘리포니아 플라자 중심부에 위치해 있으며, 완공 당시 벙커힐의 새로운 문화 요소로 평가되었다. 2천 3백m² 면적의 전시공간을 따라 강당, 도서관, 카페, 사무실, 서점 그리고 다른 레벨에 위치한 서비스 공간들이 자리잡고 있다. 미술관은 조각정원과 아래층의 출입구 부분을 하나로 묶는 두 개의 구조물을 마치 거리처럼 표현되어졌다. 입구를 강조하기 위해 아치 모양의 구조물을 만들었다.

미술관 입구로 들어오면 자연스럽게 동선이 지하로 이동된다. 1980년대 이소자키 특유의 설계구성방법이었던 선큰(Sunken) 구성을 여기에서 볼 수 있다. 갤러리들은 그랜드 에비뉴 아래에 위치해 있기 때문에 길에서는 전체 건물이 가운데 조각정원을 사이에 두고 구성된 두 개의 분리된 매스로 인식된다. 이러한 건축적 매스와 빈 공간의 조화는 음양의 동양철학을 표현했다고 한다. 매스로 가득 찬 솔리드적인 도심에서 의도적으로 미술관 대지의 중심을 비워버림으로서 음양의 조화를

로스앤젤레스 현대 미술관(MOCA, The Museum of Contemporary Art, Los Angeles). 1986. 로스앤젤레스. 반원형 지붕의 건물은 미술관의 입구역할을 하면서 자연스럽게 선큰과 연결되어 있다. 250 South Grand Avenue, Los Angeles CA 90012

미술관 선큰으로 이어지는 자유로운 곡선

엿볼 수 있는 것 같다.

건축의 추상성에 매료된 이소자키는 기하학을 과감하게 사용하는데, 피라미드와 육면체, 반원의 둥근 지붕들이 붉은 석회석의 기초 위에 붉은 인디언 사암의 벽들 위쪽에 앉아 있다. 피라미드는 미술관의 기념성과 상징성을 동시에 표현하고 있다. 현대성을 상징하는 고층건물을 배경으로 마치 한편의 시를 그려놓은 것처럼 원시성을 대표하는 피라미드를 건물 위에 앉혀 놓고 있다. 인디언 사암 역시 토속적이며 원시적인 느낌을 자아낸다. 건축재료와 피라미드 매스는 상징성이나 기념성 같은 추상적인 의미와 건축적 기능을 동시에 수행하고 있다.

남쪽에 있는 세 개의 피라미드 중 큰 것은 주 출입 갤러리의 스카이 라이트를 위해 설치하였고, 나머지 작은 둘은 나머지 갤러리들 중 하나에 자연광을 유입시켜 주고 있으며, 여덟 개의 더 작은 피라미드들과 12개의 기다란 스카이 라이트들은 다른 나머지 갤러리들은 비추고 있다. 미술관 기능에 있어서 빛의 역할은 매우 중요하다. 이것은 건축의 기본

붉은색 인디언 사암 위에 올라가 있는 피라미드와 반원형 건물은 한 폭의 그림을 연출한다.

이다. 단순한 기능의 해결은 물론이고 특별한 추상적 의미가 부여시키고자 하는 것은 건축가의 일반적인 해결방법이다.

　미술관 대지 중앙에 위치한 조각정원은 여러 가지의 박물관 부속시설들에 초점을 두고 있다. 서점과 사무실 로비를 포함한 모든 서비스 공간들이 대지 중심의 조각공원을 향해 열려 있다. 한마디로 이 미술관의 특징은 빼어난 건축적 비례, 우아하고 세련된 모양 그리고 자연적이고 인공적인 빛의 적절한 유입과 다양성으로 대변된다. 또 건축재료에서 오는 거침과 매끈함의 대조 또한 관심 있게 살펴볼 부분이다.

　또한 일본인 특유의 아기자기함도 느낄 수 있다. 다소 투박하고 직설적인 미국식 건축보다는 아치형의 매스나 붉은색 외장 마감재료에서 오는 풍부한 색감, 공간의 스케일에서 오는 인간적인 느낌, 전반적인 기하적 건축구성의 틀 속에서 미술관 입구로 들어가는 전이공간의 비기하학적인 여유 그리고 대지 중심의 조각공원과 주변 건물과의 공간적 연계성에서 완성도 높은 이소자키의 현대 건축을 만날 수 있다.

하이라이즈 빌딩의 유리 피라미드는 시간을 거슬러 올라가 미술관의 영원한 기념성을 표현하고 있다.

갤러리 내부까지 침투한 빛의 피라미드

미술관의 주요 마감재료인 붉은색 인디언 사암. 거침과 매끈함의 대조를 엿볼 수 있다.

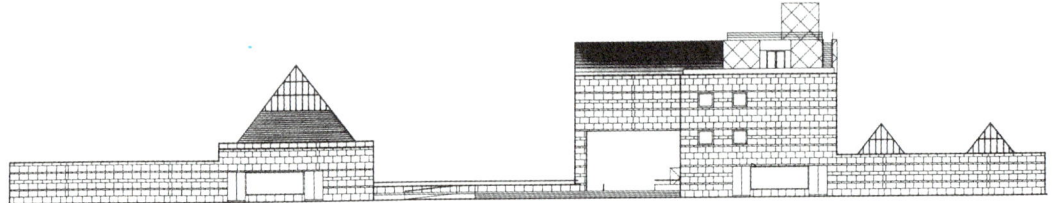
미술관 입면도

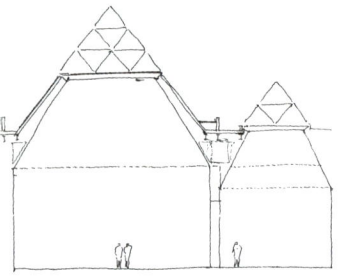
미술관 전시 홀 단면도

미술관과 연결된 외부정원

현대 조각을 전시하는 외부마당

아라타 이소자키의 건축 세계

나는 지금 아이러니 없는 건축을 만들 수 있는 방법을 찾고 있는 중이다.

_아라타 이소자키

기쇼 구로가와, 다다오 안도와 함께 현재 일본을 대표하는 세계적인 건축가 중의 하나인 이소자키는 1931년 일본 큐슈 오이타시에서 태어났다. 1954년 동경대 건축과를 졸업한 뒤 바로 겐조 단케의 사무실로 들어가서 실무를 쌓았다. 겐조 단케와 10년을 함께 일한 후 1963년 동경에 아라타 이소자키 아틀리에를 설립한다. 이후로 지금까지 아라타 이소키 어소시에이츠(Arata Isozaki & Associates)로 동경, 뉴욕, 파리, 베를린, 바르셀로나에 사무실을 두고 세계 곳곳에 수많은 작품들을 진행하여 왔다. 그리고 동경 대학, 하버드 대학을 비롯한 세계 유수의 대학에서 강의도 병행하고 있다.

이소자키의 작품을 한마디로 표현하자면 글로벌 아키텍처일 것이다. 그는 그의 건축의 특징을 이렇게 얘기한다.

나의 특징을 꼽으라면 새로움에 몰두하는 것이라고 서슴없이 말하겠습니다. 같은 것을 하고 싶지 않거든요.

화려하고 강렬한 색, 놀라운 기하학적 형태와 첨단 기술을 고급스럽게 나타내는 그의 건축 디자인은 때로는 경쾌한 팝아트로, 때로는 깊은 명상의 메시지로 우리에게 다가온다. 전통과 하이테크의 문제에서 아라타 이소자키는 이를 갈등의 관계가 아닌 풀어야 할 숙제로 본다. 그

미라지 시티 계획안 모형, 1996-97

래서 하이테크와 전통을 동시에 사용하는, 하이테크도 아닌 전통도 아닌 그만의 해법을 제시한다. 아라타 이소자키는 건축을 사물의 중핵, 사상을 구축하는 것, 철학을 논할 때의 근거가 되는 것, 생활을 구성하는 것, 이라고 생각한다. 아라타 이소자키의 초기의 작품들은 다분히 모더니즘적이다. 일본 내의 초기 작품들은 겐조 단케의 영향을 많이 받았다. 오이타 시립 도서관이나 공중도시 계획안에서 우리는 모더니즘의 특징들을 충분히 찾을 수 있다. 그러나 군마의 현대 미술 박물관에서 포스트 모더니즘의 진수를 보게 된다. 그의 세계 시민적인 건축사고는 이렇게 모더니즘과 포스트 모더니즘을 넘나들면서 생겼을지도 모른다.

그렇다고 그가 일본의 전통이나 역사에 관심이 없는 것은 아니다. 일본 내 소재한 그의 작품에서 우리는 누구의 작품에서보다 일본의 향취를 느낄 수 있다. 효고시의 과학 기술 센터와 무사시, 큐료의 클럽하우스 그리고 군마 박물관에서 우리는 일본 전통 건축의 현대적 해석을 명확히 볼 수 있다.

이소자키가 처음으로 국제적으로 일을 맡게 된 것은 1981년 로스

앤젤레스 현대 미술관으로, 모카 설계안 대회에서 당선된 것이 그를 국제적으로 알리게 된 계기였다. 그 이후로 이소자키는 수많은 국제 설계안 대회에 작품을 출품하고 당선된다. 그는 자신을 일본 건축가가 아닌 세계시민이라고 말한다. 이것은 그가 세계를 무대로 일한다는 것에 대한 자긍심을 나타낸 것일 것이다.

캘리포니아 사이언스 센터

　120년의 역사를 자랑하는 로스앤젤레스 엑스포지션 공원은 7arce의 장미정원과 1984년 로스앤젤레스 올림픽 때 사용된 메인 스타디움이 바로 인접해 있다. 엑스포지션 공원 주위에는 남가주 대학이 있으며, 로스앤젤레스의 다운타운으로부터 가까운 곳에 위치해 있다. 엑스포지션 공원 내에는 1928년에 개관한 장미정원을 비롯하여, 캘리포니아 사이언스 센터, 로스앤젤레스 자연 박물관, 사이언스 센터 학교. 흑인 미술관, 로스앤젤레스 메모리얼 스타디움, 스포츠 체육관 그리고 프랭크 게리가 설계한 항공우주 박물관이 있다.

　엑스포지션 공원을 찾은 것은 프랭크 게리의 항공우주 박물관을 구경하기 위해서였다. 책으로만 보던 게리의 작품은 사실은 너무 왜소해보였다. 엑스포지션 공원 내에 만발한 장미꽃에 환호성을 지르며, 역시 자연의 아름다움은 가장 훌륭한 것이라는 것을 느끼며, 나의 시선은 붉은 벽돌 색이 보이는 사이언스 센터에 고정되었다. 사선으로 처리된 긴 매스와 사이언스 센터를 잇는 원형의 사선 구조물은 엑스포지션 공원에서 가장 돋보이는 건축물이었다. 센터 지붕 위로 돌출되어 있는 유

캘리포니아 사이언스 센터California Science Center. 1991-98, IMAX 극장(왼쪽)과 미술관(오른쪽)이 입구 광장을 중심으로 분리되어 있다. 700 State Drive, Los Angeles, CA 90037.

리 구조물은 테크놀러지의 이미지를 극명하게 보여주는 것 같다.

사이언스 센터(California Science Center)는 오래된 엑스포지션 공원에 새로운 활력을 불어넣어 주고 있다. 6천 5백여 평의 사이언스 센터는 전시실, 소매점, 식당이 들어가 있다. 3백억 달러(3천 6백억 원)의 총예산이 내정되어 있는 사이언스 센터는 1차로 본 건물만 개관하였고, 마스터플랜 상으로는 현재의 본건물에 두 개의 날개가 추가되는 것으로 계획되어졌다. 1998년 2월 개관한 사이언스 센터는 하루 1만 5천여 명이 방문을 하고 있다. 특히 어린이 교육장으로 활용되고 있으며, IMAX 영화관이 있어 볼거리를 많이 제공하고 있다.

1870년대에 개관한 엑스포지션 공원은 본래 농업에 관련한 것을 전시하는 곳이었다. 경제적인 변화를 거치면서 이 공원은 시민을 위한 공공 공원으로 바뀌게 되었고 현재는 도심의 피난처 같은 역할을 수행하고 있다. 엑스포지션 공원의 부지는 로스앤젤레스의 상이한 두 지역, 즉 슬럼 지역인 사우스 센트럴 지역과 남가주 대학 캠퍼스가 있는 역사 보존 지구의 분기점에 있다. 그래서 이 센터의 목적은 상이한 두 지역의 전이(轉移) 점의 역할을 하고자 계획되었다. 다시 말해 도심 순화 사업의 역할을 하는 것이다.

엑스포지션 공원의 전경

두 건물의 중앙부에 있는 원통형 구조체가 입구광장을 형상하고 있다.

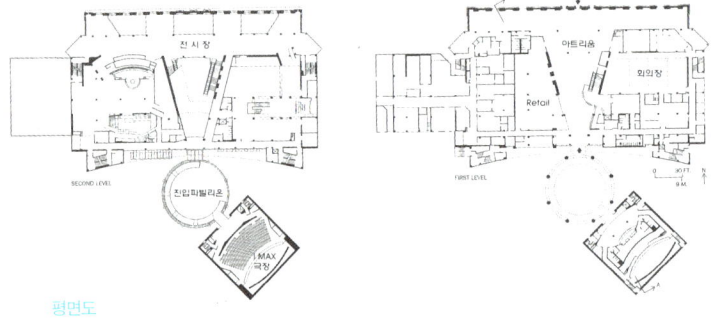

평면도

엑스포지션 공원에 있는 건물은 로스앤젤레스 건축의 역사를 말해준다. 1923년에 세워진 스타디움과 1932년에 세워진 수영 체육관, 1959년에 세워진 농구 체육관 등이 있다. 1870년대에 개관하여 현재에 이르기까지 수많은 역사의 흔적이 남아 있다. 지진과 폭동을 거치면서도 여지껏 서 있는 공원은 1990년대에 다시 시대에 부흥하는 건물이 들어서게 된 것이다.

이 프로젝트에서 주된 이슈는 역사적인 건물의 보존과 새로운 사이언스 센터의 연결작업이었다. 사이언스 센터 북쪽 입면을 장식하고 있는 역사적인 건물은 1913년에 하워드 아만슨(Howard Ahmanson) 역사관이다. 사이언스 센터 외관 마감재료가 벽돌색의 타일이라는 것은

사이언스 센터 북쪽 입면은 1913년에 지어진 역사관이다. 역사적 건물의 붉은색 벽돌이 새로운 건물에도 사용되었다.

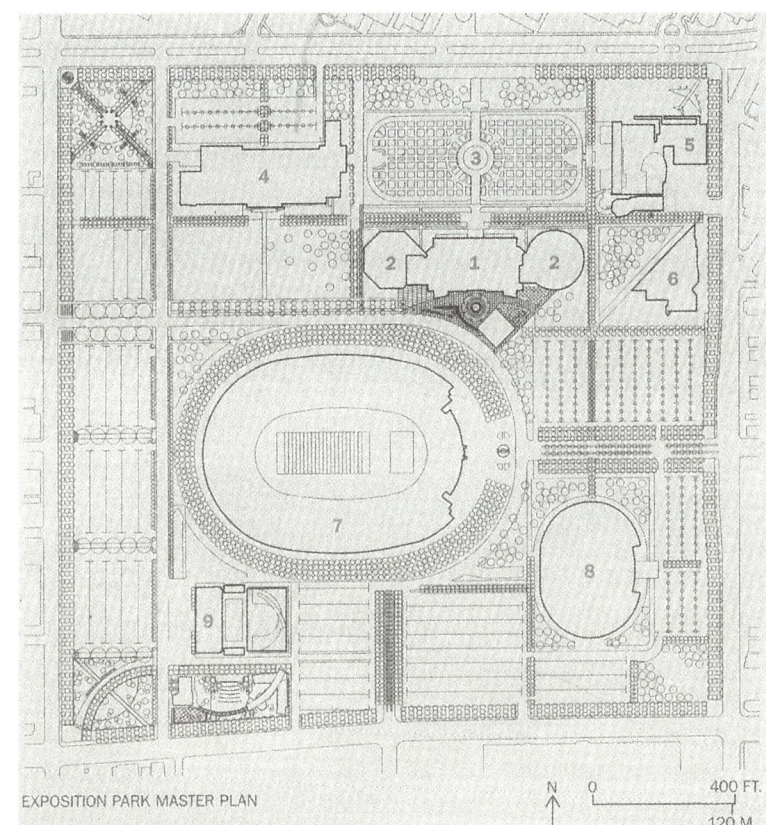

엑스포지션 공원 마스터플랜
1. 캘리포니아 사이언스 센터 2. 사이언스 센터 추가 확장 부분 3. 장미정원 4. 로스앤젤레스 자연사 박물관 5. 사이언스 센터 학교 6. 아프리카-미국 미술관 7. 로스앤젤레스 메모리얼 경기장 8. 로스앤젤레스 스포츠 애리나 9. 수상 레크레이션 센터

역사적인 벽돌 건물과 새로 건축된 유리 매스가 결합되어진 모습이다.

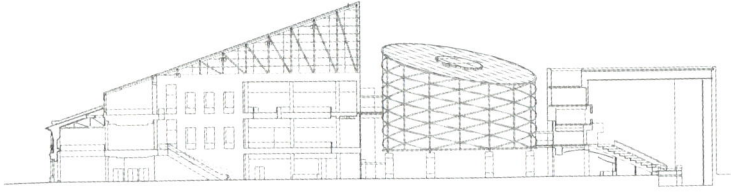

센터의 단면도

역사적인 건물의 마감 색깔에 보조를 맞추기 위해서였다. 그리고 아름다운 옛 건물의 얼굴은 그대로 보존하고, 사이언스 센터와 연결하였다. 아만슨 건물의 얼굴을 보면 1920년대 미국에서 유행했던 신고전주의 양식의 건물이라는 것을 알 수 있다. 고전과 테크놀러지의 결합은 재료의 극명한 대조로 나타나고 있다. 돌이라는 무거움과 철과 유리라는 가벼움의 결합에서 우리 역사의 진보를 볼 수 있다. 아만슨 건물 뒤로 보이는 유리 매스의 투명함은 전체 구성상 위압적으로 보이지 않는다. 아만슨 건물을 배려하듯이 유리 매스는 대칭적으로 처리되어 있으며, 옛 건물의 배경 역할을 하고 있다.

사이언스 센터 건물을 보면 두 개의 큰 건물에 원형의 로툰다가 있다. 사이언스 센터의 상징적인 역할을 하면서 동시에 입구를 강조하고

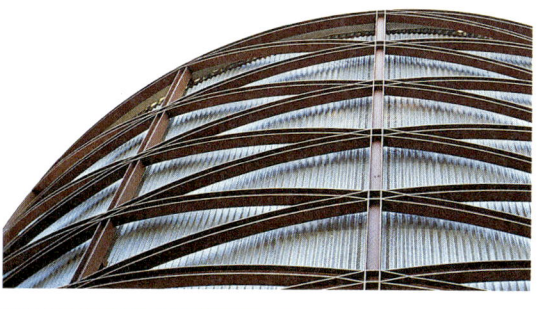

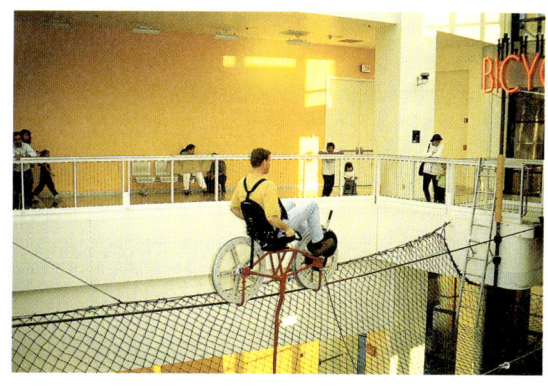

사이언스 센터의 내, 외부
1. 로툰다 안에는 생물과학의 분자모양의 원형장식이 매달려 있다.
2. 사이언스 센터의 상징적인 원형 로툰다.
3. 시원하게 개방된 내부공간.
4. 방문객이 과학기구를 직접 체험할 수 있도록 배려하였다.

있다. 3층 높이의 로쉬 패밀리 파빌리온 위에는 물리나 생물과학의 분자 모양 장식이 달려 있다. 지붕만 덮여 있고 남은 부분은 개방되어 있는 야외 구조물이다. IMAX 영화관이 본 센터에서 45° 틀어져 있으며, 그 가운데에 원형의 파빌리온이 중심을 잡고 있다. 원형 파빌리온의 지름은 30m이다.

원형 파빌리온 광장에서 사이언스 내부로 들어오면 시원한 아트리움 공간을 만나게 된다. 건물 지붕은 스카이 라이트로 처리되어 있어 빛이 내부로 많이 들어와 아주 밝은 기분을 준다. 시원한 맛을 전해주는 것은 내부와 외부의 시각적인 연결일 것이다. 아트리움 중앙부에는 하이파(Hypar)라고 부르는 동 역학 구조물이 실제로 움직이며 걸려 있다. 2천 5백여 개의 알루미늄으로 만들었다고 한다. 어린이 방문객에게는

과학 세계 교육과 시민의 휴식장소인 사이언스 센터 입구 전경

과학의 호기심을 주고 시각적으로 재미 있게 만들었다. 방문객이 직접 참여할 수 있는 과학 장치도 있다. 요즈음의 미술관이나 박물관은 관람자가 직접 참여하는 경향으로 변하고 있다.

현재 캘리포니아 사이언스 센터는 두 가지 전시 주제로 구성되어 있는데, '생명의 세계'와 '창조의 세계'이다. 식물과 동물, 인간의 생존을 다루는 생명의 세계는 자연의 현상을 주로 다루고 있으며, 창조의 세계는 과학 발전의 역사에 초점을 두고 있다. 장차 확장될 새 센터에는 태평양의 세계와 바깥 세상관이 들어설 예정이다. 시민의 공간으로서의 사이언스 센터는 다양한 과학 세계와 교육의 장으로 활용되고 있었다. 엑스포지션 공원은 시민에게 휴식의 장소이자, 교육의 장소이며, 건축의 장소이다. 사이언스 리노베이션과 증축은 짐머 군술 프라스카 파트너쉽(Zimmer Gunsul Frasca Partnership) 건축사무소가 설계하였다.

08

공존하는 실험과 자유, 그리고 전통
KFC, 어바인 스펙트럼 센터, 유니버설 스튜디오

그린스타인스 & 다니엘스건축사무소가 설계한 켄터키 프라이드 치킨 Kentucky Fried Chicken, 1989. 코리아타운에 소재한 KFC 건물은 천편일률적인 프랜차이즈 점의 획일성에 반기를 들고 있다. 304 North Western Avenue, Los Angeles CA. 90004

패스트푸드 점도 다를 수 있다_ 켄터키 프라이드 치킨

　로스앤젤레스의 다운타운과 비벌리 힐스를 잇는 주요 도로인 월셔 블루버드는 코리아타운을 통과한다. 로스앤젤레스를 여행하다 보면 분명 코리아타운을 들리게 될 것이다. 맛있는 한국 음식을 맛보고 싶으면 꼭 코리아타운을 들려보는 것이 좋다. 그곳에는 원조 한국 음식점보다 더 맛있는 집들이 즐비하다. 코리아타운은 월셔 블루버드와 웨스턴 에버뉴를 중심으로 형성되어 있다. 한인들의 수퍼마켓과 교회, 음식점 그리고 로스앤젤레스 한국 도서관도 소재해 있다.

　그리고 웨스턴 에버뉴를 따라 북쪽으로 올라가다 보면 동양 선교 교회 건물이 눈에 들어온다. 바로 그 교회건물 앞에 KFC 건물이 있는데, 훌륭한 건축물임에 틀림없다.

　세계 어디를 가든 패스트푸드 점의 모양은 다 똑같다. 맥도널드나 버거킹, KFC도 마찬가지이다. 건축은 기업의 상징적인 이미지를 보여주는 동시에 광고물 역할을 하는 경제적인 전략으로 사용된다. 하지만 건축가들은 이러한 기업의 전략을 건축문화를 모르는 저급한 일이라고 비난하기도 한다. 하지만 기업가들에겐 건축이 기업 홍보의 가장 중요한 수단임에 틀림없다. 24시간 365일 그 자리에 그대로 서 있으니 건축이 기업의 얼굴을 보여주는 무형적 홍보물인 것이다. 예를 들면, 한국의 대표적인 기업건물인 교보빌딩, 현대그룹 빌딩은 건물을 통해 그 기업의 이미지를 여실히 전달하고 있다.

전 세계 어딜 가나 똑같은 미국의 패스트푸드 점을 보고 미국인들은 자기네 고향에서 보던 가장 대중적인 음식점이 그대로 똑같이 만들어져 있는 것을 보면서 외국에 대한 낯설음을 조금이나마 달랠 수 있을지도 모른다. 하지만 건축가들에겐 별 재미없는 일이다. 모든 건물이 다

건물의 모서리에는 지느러미 같은 사선 루버가 설치되어 있다.

쿨리주 상층부는 조각의 형상을 보는 듯하다.

똑같다면 건축가가 필요 없기 때문이다. 건축가는 늘 주장한다. 건축물은 그 건축이 서 있는 장소와 기후, 도시, 지역성을 그대로 건축화해야 한다고 말한다. 하지만 어쩌겠는가? 건축주가 건축에 대한 모든 경비를 지불하니 말이다. 그래서 수준 높은 건축 뒤엔 그 건축을 후원하는 건축주가 꼭 있게 마련이다.

로스앤젤레스 코리아타운에 파격적인 KFC 건물은 기존의 틀을 과감하게 깬 그 독특한 모양으로 우리를 놀라게 한다. 그린스타인과 다니엘스 건축사무실에서 설계한 이 건물이 들어서기까지는 많은 우여곡절이 있었다. 건물이 처음 만들어졌을 때, 이 지역 주민들(주로 한인교포들과 멕시코 사람들)은 별로 좋아하지 않았다고 한다. 신문과 잡지에서는 이 건물에 찬사를 보냈지만, 지역 주민들은 오히려 이런 건물보다는 원래의 전통적인 KFC 건물이 더 낫다고 말했다. 대중들의 기억 속엔 분명 이 건물은 전통적인 KFC 건물이 아닐 것이다. 건물의 이미지는 심리적인 영향을 그대로 반영하는데, 아마도 저런 건물의 KFC에서 파는 치킨의 맛도 좀 별날거야 하는 의구심마저 들 수 있을 것이다. 우리 기억의 축적에서, 건물은 곧 과거의 기억과 맛을 불러일으키는 매개체로 작용할 수 있기 때문에 이 낯선 KFC 건물에 이 지역 사람들은 처음엔 거부감을 가지게 된 것이다.

이 건물 역시 캘리포니아 건축의 전형적인 모델이다. 프랭크 게리가 쓰기 시작한 함석판과 같은 값싼 재료는 캘리포니아가 기후로부터 얼마나 자유로운가를, 그래서 겨울을 걱정하지 않고 재료에 대해 실험적인 도전을 할 수 있는 여건을 건축가에게 만들어주고 있다는 것을 증명하고 있다.

한쪽 벽은 요철된 철로 덮여 있고, 주 입면에는 제멋대로 된 지느러미와 같은 삽입물들이 있으며 회벽마감한 타워에는 긴 삼각형의 강철 패널이 있다. 물론 꼭대기에는 모든 패스트푸드 점에 설치되어 있는 KFC의 상징 사인이 설치되어 있다. 이것은 건축가의 절묘한 절충이다. 전통적인 KFC의 색깔과 지붕을 아주 상징적으로 단순화시킨 것으로, KFC의 기업 이미지를 그대로 살려두면서 동시에 조각화시키는 절충의 묘를 발휘한 것이다.

이 건물은 정면으로 보았을 때 신구성주의 콜라주의 효과가 난다. 뒤에서 본 KFC의 건물은 마치 구성주의 조각을 자유롭게 만들어 놓은 광경이다. 조각은 조각으로 역할을 다 하고, 또 그 조각은 건축의 기능을 끌어들여와 빛을 내부로 전달한다. 그래서 그 조각 같은 모양은 더 이상 조각이 아니고 건축으로 다시 태어난 것이다.

건축가는 주차공간을 위해서 건물의 1층 바닥 면적의 비중을 많이 줄이는 디자인을 했다. 1층이 음식을 주문하는 곳이고 높은 천장고가 있는 건물의 2층이 식사하는 곳이다. 내부는 발코니 쪽으로 뚫린 L 모양의 커다란 창을 통해 풍부한 빛으로 가득 차 있다. 긴 삼각형의 강철 패널은 서쪽의 좋지 않은 빛을 잘 차단하고 있다. 동시에 사선은 건축의 세련미를 더해주고 있다.

↑↑ 2층 엘리베이터 마감재료와 색깔
↑ 상부 조각물을 통해 빛이 떨어진다.

2층의 내부도 외부의 건축 디자인 컨셉을 그대로 적용시키고 있다. 엘리베이터를 마감하는 요철 철판은 외부에서 썼던 디자인 요소이다. 높은 천장고를 가진 2층 공간에는 빛이 천창에서 투입되고 있다. 또 서향의 빛을 적당히 걸러주는 루버 역할을 하는 사선의 창은 패스트푸드 점의 색다른 공간의 맛을 던져주고 있으며, 이제껏 경험해보지 못한 건축적인 공간으로 일반 대중에게 봉사하는 것 같다.

　　이상한 KFC로 여겨지는 이 건물은 KFC 심벌의 조각적 처리와 함께 코리아타운의 건축적 시각을 제공해주고, 외부형태와 내부공간과의 관계를 잘 처리하고 있다. 2층으로 올라가는 부분은 외부로 그대로 노출되어 있어 2층 계단으로 올라가는 사람들의 모습이 마치 무대의 배우처럼 그대로 외부에 전달되고 있다.

　　네거리를 끼고 있는 건축 대지에서 건축가는 모서리 부분을 어떻게 처리하는 데 고민을 할 수밖에 없다. 모서리 부분의 처리는 건축가들에게 풀기 어려운 숙제와 같다. 여기 이 건물에서는 모서리를 부드럽게 감싸 안으며 동시에 모서리의 날카로움을 줄여주는 효과를 전달해주고 있다. 상층부에서는 사선으로 이어지는 찢어진 창과 사선의 방향은 시각적인 즐거움을 던져주고 있다. 동시에 서향의 강한 햇빛을 막아주는 건축적인 효과까지 가지고 있다. 부드럽게 돌아가는 아치는 마치 건물이 날아갈 것 같은 분위기와 사선의 예각은 날카로우면서도 세련된 분위기를 보여주고 있다.

　　KFC의 용기와 실험정신이 없었다면 이런 건물이 태어날 수 없었을 것이다. 건축주의 마인드가 깨어 있어야만, 그리고 건축가가 건축주의 고정된 의식을 건드려줄 수 있는 경우에만 좋은 건축이 태어날 수 있다. 이 건물은 이제 전통적인 패스트푸드의 이미지를 과감히 깨고 패스트푸드 점 건축도 이렇게 달라질 수 있다는 것을 보여주고 있다. 이것은 천편일률적인 상업적 이미지로부터 탈피하여 그 지역만이 가지고 있는 단 하나의 패스트푸드 점의 장소성 구축의 가능성을 말해주고 있다.

→ 2층을 올라가는 사람은 누구나 무대의 주인공이 된다.
↓ 사선으로 갈라진 공간으로 빛은 필터링되며 동시에 세련미와 날카로움을 전달한다.

왜 미국의 맥도널드 건축이 한국의 문화와 지역 상황에 맞지 않게 그대로 수입이 되어야 하는가? 외국 수입품의 한국화 같은 건축의 결합은 불가능한 것일까? 기업주의 마인드에 따라 건축문화는 획일성을 가져올 수도 있고 문화의 다양함과 지역의 장소성을 표현할 수도 있다. 분명, 건축가는 건축주에게 이러한 선택적 가능성을 제시해야만 한다.

쇼핑몰 구경하기

로데오 거리를 비롯해 로스앤젤레스 지역엔 너무나 많은 쇼핑몰이 있다. 쇼핑몰엔 여러 가지 특색이 있다. 어떠한 특징으로 가느냐에 따라, 또 어느 지역에 위치하느냐에 따라 쇼핑몰의 고객이 달라지며 그 분위기가 색다르게 연출된다.

전통적인 미국의 쇼핑몰은 거대한 주차장 섬 위에 떠 있다. 몰 오브 아메리카(Mall of America)와 같은 대형 몰이 가장 대표적인 예인데, 도심 외곽지역에 위치해 있으면서 대형 주차장이 특색이다. 거대한 주차장은 도심환경에서 시각적 황폐함과 단조로움을 야기시키며 비인간적인 환경을 만들어 왔다. 이러한 문제점에 비판을 가하면서 뉴어버니즘(New Urbanism)이 대두되었다. 휴먼스케일과 장소성을 구현하고 하는 뉴어버니즘은 쇼핑몰에도 영향을 미쳤으며 그 결과는 대형 위주에서 중규모 쇼핑몰로 바뀌게 되었다. 캘리포니아 지역에서는 따뜻한 기후 조건 때문에 외부 쇼핑몰이 발달되었는데, 20세기 후반에 나타나는 쇼핑몰은 저층형 외부 공간형 몰이 특색이다.

쇼핑은 소비사회의 대표적인 행태이자 문화로 자리잡고 있다. 사회자체가 소비사회로 나아가고 있다. 쇼핑몰은 소비를 부추기는 주요 엔진이다. 일반적으로 미국의 쇼핑몰은 크게 세 가지 형태로 볼 수 있다. 도시와 도시 사이를 잇는 고속도로 상에 있는 대형 아울렛 몰, 도심

한가운데 있는 전형적인 복합 쇼핑몰 그리고 도심 외부에 있는 레저 테마형 쇼핑몰이다.

특색 있는 쇼핑몰은 어떻게 만들어지는가? 여기 건축적 특색을 가진 두 쇼핑몰을 소개한다. 아랍 문화의 화려함을 그대로 옮겨놓은 어바인 스펙트럼 센터(Irvine Spectrum Center)와 캘리포니아 문화를 보여주는 더 블럭(The Block)몰이다. 두 곳 모두 도심 외곽에 위치해 있다. 로스앤젤레스에서 쇼핑을 하려면 꼭 한번 방문해볼 만하다.

캘리포니아에 상륙한 아랍의 성_ 어바인 스펙트럼 센터

미국의 대형설계회사 RTKL이 디자인한 어바인 스펙트럼 센터(Irvine Spectrum Center)는 로스앤젤레스에서 5번이나 405번 고속도로를 타고 남쪽으로 한참 내려가야 있다. 고속도로를 지나가게 되면 쉽게 찾을 수 있는데, 몰이 마치 평야 위에 우뚝 서 있는 아랍의 성처럼 보여지기 때문이다. 마치 흙으로 쌓은 벽 위에 성루가 서 있는 것처럼 보인다.

어바인 스펙트럼 센터 Irvine Spectrum Center, 71 Fortune Drive, Irvine CA, 92618

몰 입구는 아랍 문화를 쉽게 볼 수 있는 말 밥굽 아치가 보이고, 그 아래로는 타일로 마감된 벽이 보인다. 입구에 있는 타일장식은 정통 아랍 문양을 단순화시켜서 그 분위기만 전하고 있다. 몰 입구를 들어서면 사뭇 놀라운 풍경이 펼쳐진다. 아랍의 전통건축에 등장하는 열두 사자의 분수가 안마당에 펼쳐지는데, 마치 사막에서 오아시스를 만난 느낌이다. 캘리포니아의 기후와도 매우 적절한 개념이다.

　안마당에는 분수를 중심으로 외부공간과 몰이 들어서 있다. 시원하게 걸으며 눈과 귀로 즐길 수 있는 물 공간연출은 특색 있는 공간을 만들어준다. 안마당을 지나서 더 안쪽으로 들어가면 다른 공간이 연출된다. 몰 곳곳에는 아랍의 분위기를 느낄 수 있는 이국적 요소들이 숨어있다. 더운 지방에 설치되는 야외 차양은 아랍 어느 시골의 골목길을 연상시킨다. 차양부터 장식 하나하나까지 세심한 디자인 처리는 일체된

1. 정통적인 아랍의 문양을 타일로 다시 재현하고 있다.
2. 안마당엔 12사자 물분수가 놓여 있다.
3. 사막의 오아시스같은 물분수가 시원한 기분을 전해준다.
4. 아랍의 골목길을 연상시키는 공간연출

⬆ 몰 중앙에 위치해 있는 야외 수공간
➡ 아이들이 재미 있게 놀고 있다.

공간연출을 극대화시키고 있다.

　몰 중앙 부분에는 거북이를 테마로 한 야외 분수 공간이 조성되어 있다. 거북이가 물을 뿜어내는 형상인데, 아이들이 매우 좋아하며 즐겨 하는 모습을 쉽게 볼 수 있다. 몰의 공간계획상 흔히 중앙 부분에는 대형 수공간이나 놀이공간이 조성된다. 흥미로우면서도 재미 있는 공간이 계획되어야만 쇼핑하는 데 지루함을 느끼지 않기 때문이다. 어바인 스펙트럼 몰은 로스앤젤레스 지역에서 매우 독특한 쇼핑 공간이자 화려하고 고급스럽다. 위치상 소풍간다는 마음으로 한번 꼭 들려서 가볍게 구경해볼 만하다.

현대적 감각이 돋보이는 더 블럭

　고속도로 5번을 타고 오렌지 카운티로 들어가면 가든 그로브라는 도시를 만나게 된다. 깨끗하고 야자수가 길게 늘어진 오렌지 카운티 지역은 중상층이 주로 거주하는 지역이다. 더 블럭(The Block)이라는 몰은 매우 현대적이며 캘리포니아적이다. 몰 주차장으로 들어서게 되면 몰 사인을 만나게 되는데, 그 디자인이 매우 세련되었다. 특히 검정색 곡선

더 블럭을 알려주는 사인.
1 City Blvd. West, Orange, CA
92868

기다란 야자수 그리고 햇빛이 가득한 길

이 무척 돋보인다. 이 사인은 몰 단지 곳곳에 위치해 있다. 검정과 대조를 이루는 노랑색 계통의 색깔이 매우 캘리포니아적이다.

　야외거리로 조성된 몰은 야자수가 길게 심어져 있으며 길가엔 다양한 쇼핑공간들이 위치해 있다. 지중해성 기후에 걸맞는 노랑색은 캘리포니아의 화려함을 단적으로 보여주고 있는 것 같다. 자유스러운 분위기와 깔끔한 건축처리는 쇼핑몰을 더욱 더 돋보이게 한다. 특히 야외에서 식사를 할 수 있는 공간처리는 복잡하면서도 역동적인 분위기를 연출하면서도 삶의 여유로움을 전해주고 있다.

　이 몰에서는 모든 것이 디자인되어 있는데, 현금인출기 같은 거리의 소품 하나하나까지도 디자인한 세심함을 볼 수 있다. 좋은 공간은 모든 것이 잘 어우러지고 건물의 벽부터 사인까지 종합적으로 디자인되어야 한다. 우리 나라의 고질적인 간판문화는 모든 건물을 다 뒤덮고 있는 상황이다. 건물보다 더 중요하게 처리되어진 간판은 눈살을 찌푸리게 한다. 더 블럭 몰에서는 간판사인까지 세심하게 디자인되어 있어 모

1. 노랑색으로 물들여진 외부 식사 공간은 삶의 여유로움을 전해준다.
2. 모든 것은 디자인화되어 있고 복잡하면서도 재미 있다.
3. 디자인된 현금인출기
4. 화려한 색깔과 깔끔한 사인들

든 것이 종합적으로 계획되어진 고급 쇼핑몰임을 알 수 있다. 결국 고객에게 편안함과 편리함을 주기 위해 잘 디자인된 쇼핑몰은 그 생명력이 더 길 것이다.

꿈과 영화가 살아 있는 곳_ 유니버설 스튜디오

젊은이들이 가장 즐겨 찾는 로스앤젤레스 엔터테인먼트 시설 중 가장 큰 명물이 있다면 아마도 유니버설 스튜디오라고 말할 수 있다. 어린이를 위한 가족형 엔터테인먼트 시설이 디즈니랜드라면 유니버설 스튜디오는 영화를 좋아하는 사람들에게 가장 인기가 있는 곳이다. 유니버설 스튜디오는 영화 속의 인물을 만나고 상상의 세계를 현실로 구현시켜 누구나 꿈꾸어 볼 만한 판타지 세계를 직접 체험할 수 있는 장소임에 틀림없다.

1964년 7월에 문을 연 유니버설 스튜디오는 영화제작 현장을 유료로 견학시킬 목적으로 시작했다. 유니버설 스튜디오에서는 영화촬영장

↑↑ 유니버설 스튜디오 헐리우드 입구 광장
↑ 유니버설 스튜디오 플로리다

유니버설 스튜디오 헐리우드 정문,
1000 Universal Center Drive, Universal City, CA 91608.

↑ 관람객에게 인기가 높은 《터미네이터》 2, 3D 체험관
↑→ 《백 투 더 퓨처》
→ 관객이 직접 참여하는 공포체험

을 직접 목격하고 현장 무대장치 세트를 견학하며 영화와 관련된 쇼를 즐기고 체험하게 된다. 영화를 제작하는 유니버설 스튜디오는 기존의 히트한 주요 영화를 재현시켜 방문객들에게 호기심과 흥미를 자극한다. 세계적으로 히트한 유니버설 스튜디오 제작 영화 《백투더 퓨처》나 《E.T.》, 《터미네이터》, 《스파이더맨》, 애니메이션 《슈렉》 등의 영상을 첨단 기술과 결합시켜 방문객들에게 4차원의 세계를 제공한다. 필자는 플로리다 주 올랜도에 위치한 유니버설 스튜디오를 두 차례 방문한 적이 있는데, 로스앤젤레스 유니버설 스튜디오 역시 올랜도와 똑같은 시설로 이루어져 있다.

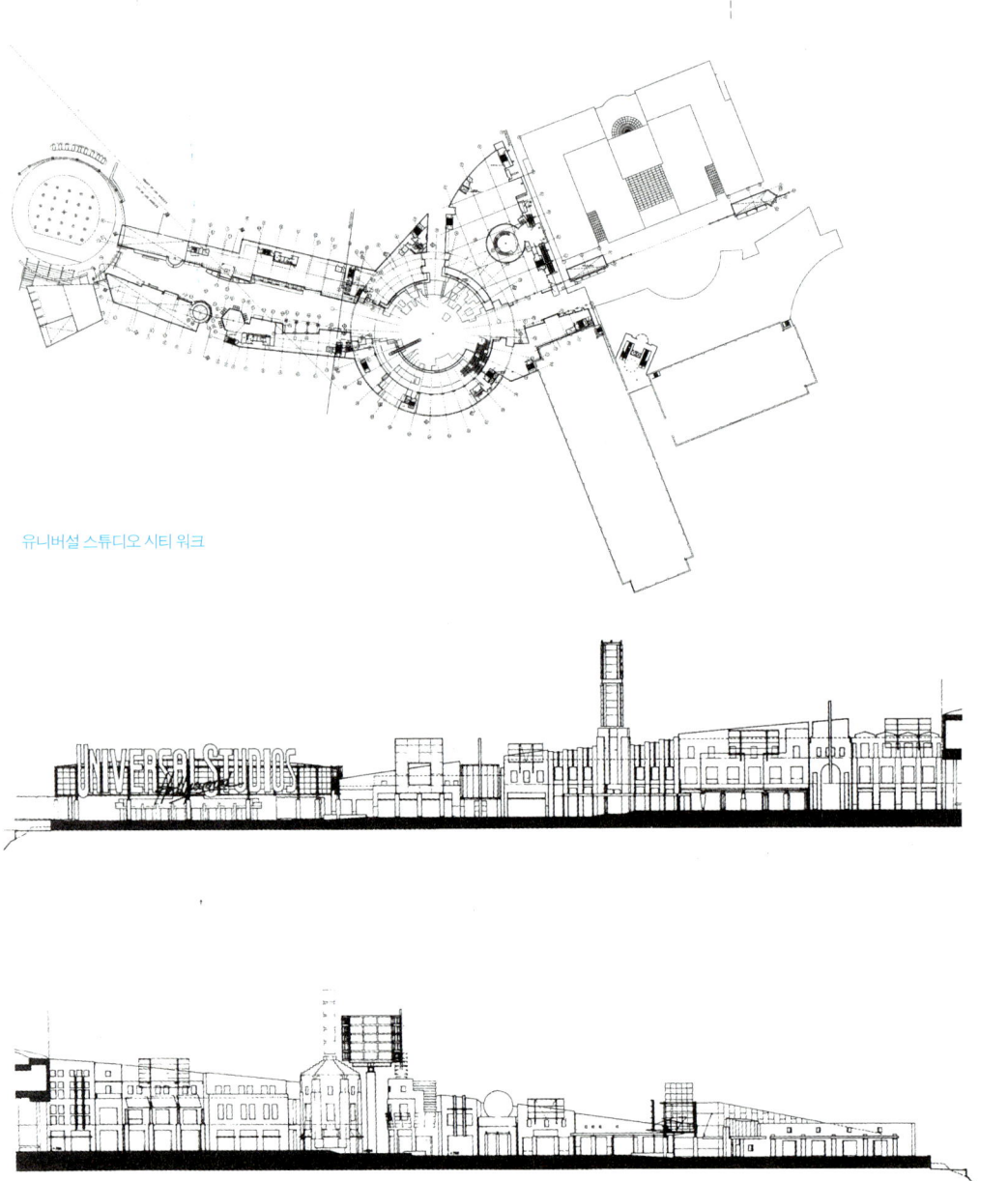

유니버설 스튜디오 시티 워크

평면도 및 단면도

시티 워크는 유니버설 스튜디오 바로 옆에 있어 바늘과 실처럼 항상 같이 생각되는 곳이다. 유니버설 스튜디오가 테마파크로서의 강력한 집객력을 가지고 있다면, 시티 워크는 쇼핑과 식음을 제공하는 기능을 한다. 엔터테인먼트와 쇼핑은 삶을 즐기고 소비하는 현대문화의 키워드이다. 시티 워크는 1950년대 로스앤젤레스 거리를 재현한 테마가 있는 쇼핑 거리이다. 독특한 네온사인을 중심으로 미국의 전형적인 쇼핑몰이 있고 리테일과 식음, 문화 및 오락 등 다양한 기능의 시설들이 위치해 있다. 18개의 멀티플렉스 극장과 IMAX 영화관 그리고 다양한 이벤트가 일어나는 외부광장이 있어 밤에도 많은 볼거리를 제공한다. 시티 워크의 통일된 콘셉트를 유지하기 위해 철저한 디자인 컨트롤과 영업상황을 수시로 체크하며 시티 워크의 수준을 지속하고 있다.

미국 문화를 특징짓는 대중문화를 선도하는 유니버설 스튜디오와 시티 워크는 한번쯤 방문해도 후회할 만한 곳은 아니다. 그곳에는 청소

⬇ 영화 킹콩을 재현해서 만든 사인
➡ 로스앤젤레스 프로야구 팀 다저스를 재현한 사인보드

유니버설 스튜디오 할리우드 시티 워크의 여러 풍경들

년을 비롯해 20~30대가 좋아할 만한 놀이시설과 쇼핑이 있다. 세상은 모험과 여행으로 가득 찬 곳이다. 좋은 여행은 좋은 문화를 만들고 도시와 건축은 그 문화의 풍성함을 전달한다. 미국 방문길에 오르는 사람이라면 이 책으로 로스앤젤레스로의 여행계획을 한번 꾸려보자.

참고 문헌

윤재희, 지연순 편저, 『구성주의 건축』, 세진사, 1995

이토마사미, 『사람들이 모이는 테마파크의 비밀』, 박석희 옮김, 일신사, 1995.

임석재, 『네오 큐비즘과 추상 픽처레스크: 네오 모더니즘 I - 뉴욕5 건축』, 북하우스, 2001.

필립 존슨 & 마크 위그리, 『해체주의 건축』, 도서출판 전일, 1991.

에릭 오웬 모스 특집, 『건축과 환경』, 1997년 1월호

에릭 오웬 모스, 『건축과 환경』, 1995년 3월호.

프랭클린 이스라엘 특집, 『건축과 환경』, 1995년 10월호.

『세계를 간다: 미국』, 중앙일보사, 1995.

하경옥, "NYC 2012 Olympic village design competition", *Concpet*, vol.66. pp.27-31. Seoul, Korea: CA Press, 2004.

이성미, 「내가 본 세계의 건축: 게티 센터 건물군」, LA. http://www.royalwine.net/museum/getty.htm (2004.9.11.접속)

Aattoe, Wayne (Ed.), *The architecture of Ricardo Legotteta*. Austin, Texas: The University of Texas Press., 1990.

Curtis, William. J., *Modern architecture since 1900*. London: Phaidon Press, 1996.

Dal Co, Francesco & Forster, Kurt W., *Frank O. Gehry: The complete works*. Milano: Electaarchitecture, 2003.

Frampton, Kenneth, *Modern architecture: A critical history*. London: Thames & Hudson, 1985.

Gehry, Frank O, *Frank Gehry building and projects*. New York: Rizzoli, 1985.

_____, *The architecture of Frank Gehry*. New York: Rizzoli, 1986.

_____, *FOG: Flowing in all directions*., Los Angeles: MOCA, 2003.

Ghirardo, Diane, *Architecture after modernism*. London: Thames & Hudson, 1996.

Goldberger, Paul, *On the rise: Architecture and design in a post-modern age*. New York: Times Books, 1983.

Israel, Franklin D, *Franklin D. Isreal buildings+projects*, New York: Rizzoli, 1992.

Jencks, Charles, *The language of Post-Moden architecture*. London: Academy Editions, 1984.

Jodidio, Philip. *Contemporary California architects*. New York: Taschen, 1995.

Jodidio, Philip, *Richard Meier*. New York: Taschen, 1995.

Jodidio, Philip, *Building a new millennium*. New York: Taschen, 1999.

Johnson, Eugene (Ed.), *Charles Moore: Buildings and projects 1949-1986*. New York: Rizzoli, 1986.

Kipnis, Jeffrey & Gannon, Tood (Ed.), *Source books in architecture 1: Morphosis, Diamond Ranch High School*. New York: The Monacelli Press, 2001.

LeBlanc, Sydney, *20th Century American Architecture: A traveler's guide to 220 key buildings.*, New York: Whitney Library of Design, 1996.

Meier, Richard. *Richard Meier Architect 3*. New York: Rizzoli, 1999.

Miller, Jason , *Frank Gehry*. New York: MetroBooks, 2002.

Morphosis, *Morphosis buildings and projects 1989-1992*. New york:Rizzoli,1994.

Morphosis, *Morphosis*. London: Phaidon Press, 2003.

Phillips-Pulverman, Dian. *Los Angeles: A guide to recent architecture*. London: Ellipsis, 1996.

Reality, Visceral. *The Jerde partnership international*. Milano, Italy: l'Arcaedizioni, 1998.

Steele, James. *Los Angeles Architecture: The contemporary condition*. London: Phaidon Press, 1993.

Steele, James. *Architecture today*. London: Phaidon Press, 1997.

Pearson, Clifford A., "The color of gold. Architectural Record", 2000, May, pp. 145-160.

Stein, Karen D., "A major redevelopment of the formerly dilapidated California Science Center brings new energy to the institution and to 120-year-old Exposition Park, Architectural Record", 1998, May, pp. 176-187.

Web-Sites

http://www.getty.edu

http://web.reed.edu/academic/departments/art/getty

http://wdch.laphil.com/

색인

가스 타워Gas Company Tower 206-208
가우디, 안토니오Antonio Gaudi(1852-1926) 136
노턴 씨 주택Norton Residence 97-101
게리 그룹 오피스Gary Group Office Building 139
게리, 프랭크Frank O. Gehry(1929-) 15, 35, 37, 39, 43-114, 119, 133, 229
게티 센터The Getty Center 146-170
게티, 폴J. Paul Getty(1893-1976) 148
겐조 단게丹下健三 215
공공 공간Public Space 76, 77, 85, 129, 185-188
과스메이, 찰스Charles Gwathmay 150
구겐하임 뮤지엄, 빌바오Bilbao Guggenheim museum 43, 103, 111, 187, 191
국제주의 양식International Style 56
군마 미술관 210
굿휴, 베르트램Bertram Goodhue(1869-1924) 208
그레이브스, 마이클Michael Graves(1934-) 15, 150
그로피우스, 발터Walter Gropius(1883-1969) 197
그리드Grid 122, 123, 152, 158, 161-165
기쇼 구로가와黑川紀章 215
남가주 건축학교The Southern California Institute of Architecture, SCI-ARC 36, 37, 114, 132
남가주 대학University of Southern California, USC 36, 44, 191, 218, 219
네서 조각 미술관 14
네오 모더니스트Neo Modernist 152
노이트라, 리처드Richard Neutra(1892-1970) 31, 32
노출 콘크리트 89, 195
노출구조 89
뉴어버니즘New Urbanism 232
뉴욕 파이브New York 5 150, 153, 177

안도 다다오安藤忠雄(1941-) 14, 15, 215
다운타운, 로스앤젤레스Down Town 18, 19, 40, 67, 122, 132, 190, 191, 202, 205, 208, 226
달라스 심포니 홀Dallas Meyerson Symphony Center 83
댄자이거 스튜디오 주택Danziger Studio 99
더 블럭 몰The Block Mall 233, 235
데카르트, 르네René Descartes(1596-1650) 177
도노반 홀Donovan Hall 70
디즈니 콘서트 홀Walt Disney Concert Hall 43, 102-104, 107, 111, 191
디즈니, 월트Walt Disney(1901-66) 103
라우센버그, 밥Bob Rauschenberg 48
라이트, 프랭크 로이드Frank Lloyd Wright(1867-1959) 15, 31-33, 39, 133, 197
래틀, 사이먼Simon Rattle(1955-) 109
램프Lamp 152, 165, 166, 184, 203
레고레타, 리카르도Ricardo Legorreta(1931-) 197, 199, 202, 205
레저 테마형 쇼핑몰 233
로시, 알도Aldo Rossi(1931-1997) 50, 51
로욜라 법과대학 67
로툰다Rotunda 222, 223
로툰디, 마이클Michael Rotondi(1949-) 35, 37, 114, 119
루버Louver 230
루스, 아돌프Adolf Loos(1870-1933) 32
르 코르뷔제Le Corbusier(1887-1965) 133, 150, 152, 153, 166, 177
린드블레이드 타워Lindblade Tower 137
마이어, 리처드Richard Meier(1934-) 15, 39, 146, 149-153, 157-163, 166
맥코이, 에스더Esther McCoy 21
메리필드 홀Merrifield Hall 69-71
메인, 톰Tom Mayne 35, 37, 114, 115, 118, 119,

122, 125
모네오, 라파엘Rafael Moneo(1937-) 15
모더니즘Modernism 153, 174, 175, 185, 206, 216
모듈Module 158
모스, 에릭 오웬Eric Owen Moss(1943-) 15, 35, 37, 39, 114, 132-139, 144
모스 설계사무실 133
모포시스Morphosis 15, 39, 114-130
목재 프레임 57
몬타반, 리카르도Ricardo Montalbán(1920-) 197
몰 오브 아메리카Mall of America 232
무어, 찰스Charles W. Moore 175-181, 185
『주택의 장소성』 176
미국 건축가 협회AIA, The American Institute of Architects 197
미니멀리즘Minimalism 99
바라간, 루이스Luis Barragán(1902-88) 54, 197, 202
바바라 멕케런Babara McCarren 203
박공지붕 56, 69
버내큘러Vernacular 197
벙커힐Bunker Hill 40, 104, 191, 194, 210
벤추리, 로버트Robert Venturi(1925-) 50, 177, 185
보나벤처 호텔Bonaventure Hotel 40, 193
보스턴 심포니 홀Boston Symphony Center 107
보이드void 57, 59
보자르 양식Beaux-Arts Style 66
비트루비우스Vitruvius(?~?) 177
사리넨, 에로Eero Saarinen(1910-61) 15
산타모니카 플레이스Santa Monica Place 76, 77, 80-85
살로넨, 페카Pekka Salonen(1958-) 111, 112
샐릭 헬스케어 본사Salik Health Care Corporate Headquarters 115, 126, 129
선큰Sunken 210
선토리홀, 일본Suntory Hall 107
세계 건축협회UIA, International Union of Architectes 199
솔라 플렉스Solar Flex 129
솔리드Solid 59, 60, 210

쉬아로운스, 한스Hans Scharoun's(1893-1972) 109
쉰들러, 루돌프Rudolf Schundler 31, 32
스카이 라이트Sky light 80, 82, 89, 123, 124, 141, 211, 223
스코트, 리들리Ridley Scott(1937-) 33
스크린Screen 78, 92
스턴, 로버트 A.M. Robert AM Stern(1939-) 177
스털링, 제임스James Stirling(1926-92) 104
시빅 센터, 비벌리 힐스Beverly Hills Civic Center 39, 172, 180-188
신고전주의 양식 222
신구성주의 229
아라타 이소자키磯崎 新(1931-) 210-212, 215, 216
아라타 이소키 어소시에이츠Arata Isozaki & Associates 215
아르데코 양식 40, 86, 206
아르데코 풍 120, 121, 180, 181, 208
아리스토텔레스Aristoteles(BC 384-BC 322) 159
아만슨, 하워드Howard Ahmanson(1906-68) 220
아만슨 건물 222
아울렛몰 232
아이젠만, 피터Peter Eisenman(1932-) 15, 53, 150
아치Arch 210, 212, 234
아케이드Arcade 184
아크로폴리스Acropolis 67
아트리움Atrium 223
앨로프신, 안토니Anthony Alofsin 32
어바인 스펙트럼 센터Irvine Spectrum Center 233
어번 콘텍스트Urban Context 86
에지마 쇼핑 센터 86
엑스포지션 공원Exposition Park 61, 63, 66, 218-220, 224
엠파이어 스테이트 빌딩, 뉴욕Empire State Building 208
엡스테인, 데이비드David Epstein 206
오이타 미술관大分美術館 210
올덴버그, 클래스Claes Oldenburg(1929-) 48, 91

올린, 로리Laurie Olin 202
유니버설 스튜디오Universal Studio 238-241
융, 칼 구스타프Carl Gustav Jung(1875-1961) 136
이스라엘, 프랭클린 34, 35, 39
인스 프로젝트 137, 141
임석재 164
『네오 큐비즘과 추상 픽처레스크: 네오 모더니즘 I - 뉴욕 5 건축』 163
전이공간 122, 212
제이콥스, 제인Jane Jacobs(1916-2006) 191
젱크스, 찰스Charles A. Jencks(1939-) 38
존스, 제스퍼Jasper Johns(1930-) 48
존슨, 필립Phillip Johnson(1906-2005) 15, 39, 54, 133
짐머 군술 프라스카 파트너쉽Zimmer Gunsul Frasca Partnership 건축사무소 224
치앳-데이 모조 오피스Chiat Day Mojo office 90, 93
카티아CATIA, The Computer-Aided Three-Dimensional Interactive Application 111
칸, 루이스Luois I. Khan 15, 133
캘리포니아 사이언스 센터California Science Center 191, 218, 219, 223, 224
캘리포니아 주립 대학 LA 캠퍼스University of California at Los Angeles, UCLA, 36, 147, 175
캘리포니아 항공우주 박물관 California Aerospace Museum 62-65, 191, 218
케이트 만틸리니 레스토랑 122
코살렉, 리처드Richard Koshalek 23
콘서트 홀, 베를린Berlin Philharmonie Concert Hall 109
콘서트 홀, 암스테르담Concertgebouw 107
크라이슬러 빌딩Chrysler Building 208
키엔홀즈, 에드워드Edward Kienholz(1927-94) 48
키팅, 리처드Richard Keating 206
타틀린, 블라디미르Vladimir Tatlin(1885-1953) 120
테라스Terrace 78, 167, 207
트라버틴Toravertine 157-159
파라마운트 세탁소Paramount Laundry Building 137, 142, 143
파빌리온Pavilion 223
퍼싱 스퀘어Pershing Square 191, 202, 205
퍼스트 인터스테이트 은행 월드 센터First Interstate Bank World Center 208
페이, 이오밍I. M. Pei, 貝聿銘(1917-) 15, 83
펠리, 시저Cesar Pelli(1926-) 15
포스트 모더니즘Post-Moernism 175-177, 181, 216
포톨라, 가스파르 드Gaspar de Portolá(1717-84) 21
포트만, 존John Portman 193
프램튼, 케네스Kenneth Frampton 150
프랭크 게리 하우스Frank Gehry House 43, 54, 140
프레임Frame 56, 78, 89, 125, 135, 166, 207
프리츠 번즈 건물Fritz B. Burns Building 71, 73, 74
프리츠커 건축상Pritzker Architecture Price 14, 197
피아노, 렌조Renzo Piano(1937-) 15
피아차Piazza 176
픽처레스크Picturesque 163
하디드, 자하Zaha Hadid(1950-) 15
하이파Hypar 223
해체주의적 건물 206
헤네시 인골스 서점Hennessy and Ingalls Art & Architecture Bookstore 120, 122
헤이덕, 존John Hejduk(1929-2000) 150
현대 미술관, 로스앤젤레스MOCA, Museum of Contemporary Art 23, 122, 191, 210, 216
현대 미술관, 포트워스The Modern Art Museum of Fort Worth 14
홀라인, 한스Hans Hollein(1934-) 104
GENSLER 15
HOK 15
KPF 15
NBBJ 15
RTKL 15, 233
SOM 15, 149, 206, 207

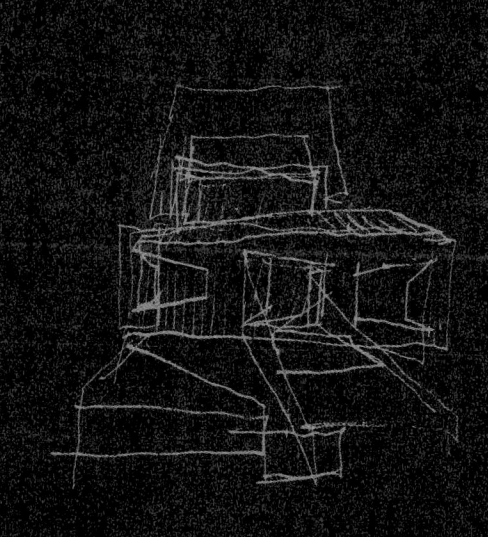